高职高专食品类专业"十三五"规划教材

食品微生物检验

SHIPIN WEISHENGWU JIANYAN

● 主编 雷昌贵 周婧琦 江 飞

U0340610

郑州大学出版社

郑 州

内容提要

本书分为五大模块,模块一,主要包括微生物的概念及特点、食品微生物检验的意义、食品微生物检验程序及检验报告书写规范;模块二,主要包括显微镜使用与维护方法、常用培养基的制备方法、无菌技术、微生物计数方法、常用染色方法;模块三,主要包括食品中菌落总数、大肠菌群、沙门氏菌、志贺氏菌、致泻大肠埃希氏菌、金黄色葡萄球菌、肉毒梭菌及肉毒毒素、产气荚膜梭菌和乳酸菌的检验及食品中霉菌和酵母计数方法;模块四为食品微生物检验新技术与快速检测技术;模块五为食品微生物快速检测实训等内容。在突出基本理论与方法的同时,本书强调了食品微生物检验方法与国家标准的融合,更注重理论教学与实际应用的协调,特别是以任务驱动的模式进行编写,充分体现了实用性与技术性。

本书可作为高职院校食品类专业和相关专业微生物检验课程的教科书,也可供食品专业技术人员、管理人员和科研人员阅读,对于化妆品、医药等行业的产品检验和营销人员也有一定的参考价值。

图书在版编目(CIP)数据

食品微生物检验/雷昌贵,周婧琦,江飞主编. —郑州:郑州大学出版社,2019.4
ISBN 978-7-5645-6147-5

Ⅰ.①食… Ⅱ.①雷…②周…③江… Ⅲ.①食品微生物-食品检验-高等职业教育-教材 Ⅳ.①TS207.4

中国版本图书馆 CIP 数据核字(2019)第 058510 号

郑州大学出版社出版发行
郑州市大学路 40 号   邮政编码:450052
出版人:张功员   发行电话:0371-66966070
全国新华书店经销
郑州市诚丰印刷有限公司印制
开本:787 mm×1 092 mm   1/16
印张:11.25
字数:269 千字
版次:2019 年 4 月第 1 版   印次:2019 年 4 月第 1 次印刷

书号:ISBN 978-7-5645-6147-5   定价:29.00 元
本书如有印装质量问题,请向本社调换

 # 作者名单

主　　编　雷昌贵　周婧琦　江　飞
副 主 编　张　晶　毕韬韬　王振强
编　　委　（按姓氏拼音排序）
　　　　　毕韬韬　蔡莉萍　江　飞　雷昌贵
　　　　　刘蒙佳　王振强　张　晶　周婧琦
　　　　　周　强

前 言

随着食品加工业的飞速发展和市场经济体制的不断深化与变革,人们对健康食品的需求也越来越大。但食品安全问题依然层出不穷,其中最主要的安全隐患就是来自于微生物的传染。如果食品在生产加工、流通等环节中感染了微生物,食物的安全也就无法得到保障,从而影响人民的生命健康,因此,食品微生物检验显得十分重要。食品微生物检验是运用微生物学的理论与方法,检验食品中微生物的种类、数量、性质及其对人的健康的影响,以判别食品是否符合质量标准的检验方法。

食品微生物检验是衡量食品卫生质量的重要指标之一,也是判定被检食品是否可食用的科学依据之一。通过食品微生物检验,可以判断食品加工环境及食品卫生情况,能够对食品被微生物污染的程度做出正确的评价,为各项卫生管理工作提供科学依据。

本书由数所高等职业院校多年从事食品微生物检验教学与科研工作的教师共同编写,由河南质量工程职业学院的雷昌贵、漯河食品职业学院的周婧琦、河南质量工程职业学院的江飞担任主编。本书的模块一、模块四和模块五由河南质量工程职业学院的雷昌贵和黄河水利职业技术学院的王振强编写;模块二的任务一由漯河食品职业学院的周婧琦编写;模块二的任务二至任务三由漯河食品职业学院的蔡莉萍编写;模块二的任务四由福建师范大学闽南科技学院的刘蒙佳编写;模块二的任务五、六由福建师范大学闽南科技学院的周强编写;模块三的任务一、任务二、任务三、任务八、任务九由河南质量工程职业学院的江飞编写;模块三的任务四由三门峡职业技术学院的张晶编写;模块三的任务五至任务七由漯河食品职业学院的毕韬韬编写。全书由河南质量工程职业学院的雷昌贵和江飞统稿、编排和校核。

本书可作为高职院校食品类专业和相关专业微生物检验课程的教科书,也可供食品专业技术人员、管理人员和科研人员阅读,对于化妆品、医药等行业的产品检验和营销人员也有一定的参考价值。

在本书的编写过程中得到了许多同行的热心帮助和指导,特别是得到了郑州大学出版社的大力支持,在此深表感谢!此外,由于编写人员业务水平有限,书中内容难免有不妥之处,敬请读者批评指正,与我们进一步探讨与交流。

编 者
2018 年 9 月

目 录

1

模块五　食品微生物快速检测实训

参考文献

模块一
食品微生物检验基础知识

知识目标

1. 以微生物及食品等对象作为学习载体,掌握微生物特征及在自然界的分布、微生物与食品安全、微生物与人体健康的密切关系。
2. 了解食品微生物检验的意义,食品中微生物污染的来源和途径,食品微生物检验的一般程序,食品微生物检验的发展趋势等。

任务一　绪论

一、微生物的概念及特点

(一)微生物的相关概念

微生物是广泛存在于自然界中的一群肉眼看不见或看不清,必须借助光学显微镜或电子显微镜放大数百倍、数千倍甚至数万倍才能观察到的微小生物的总称。它们具有体形微小、结构简单、繁殖迅速、容易变异及适应环境能力强等特点。

这些微小的生物除包括原核细胞结构的细菌,有真核细胞结构的真菌(酵母、霉菌等),非细胞结构、不能独立生活的病毒,还包括原生动物和某些藻类。在这些微小的生物体中,大多数是我们用肉眼不可见的,尤其是病毒等生物体,即使在普通的光学显微镜下也不能看到,必须在电子显微镜下才能观察到。但也有例外,有些微生物尤其是具有大型子实体的食用真菌等肉眼是可见的。由此可见,微生物是一个微观世界里生物体的总称。

(二)微生物的特点

(1)体形微小,结构简单:微生物个体的组成很简单,多为单细胞构成,有些由简单的多细胞组成,有些甚至没有细胞结构。简单的构成使微生物的个体一般都小于 0.1 mm,肉眼难以看到,需要借助显微镜观察,故常用微米(μm)甚至纳米(nm)来表示微生物的大小,它们的大小和特征见表 1-1。例如细菌的典型代表($Escherichia$)平均只有 2 μm 长、0.5 μm 宽,这么小的个体重量也很轻,每个细菌的重量只有 $1×10^{-10} \sim 1×10^{-9}$ mg,约

10 亿个细菌才有 1 mg 重。真核藻类的大小从几微米到几米(海带),甚至百米(巨藻)。

表 1-1　微生物的大小和特征

微生物种类	大小范围/μm	细胞特征
病毒	0.01 ~ 0.25	非细胞
细菌	0.1 ~ 10	原核生物
真菌	2 ~ 100	真核生物
原生动物	2 ~ 1000	真核生物
真核藻类	1 ~ 100 m	真核生物

(2)代谢旺盛,繁殖迅速:微生物体积虽小,但有极大的比表面积,如果把人的比表面积值定为 1,则大肠杆菌的比表面积可达 30 万。因而微生物能与环境之间迅速进行物质交换,吸收营养和排泄废物,而且有最快的代谢速率。从单位重量来看,微生物的代谢强度比高等生物高几千倍到几万倍。如在适宜环境下,大肠杆菌每小时可消耗的糖类相当于其自身重量的 2000 倍。1 kg 酵母在 24 h 可使几吨糖全部转化为乙醇和二氧化碳。

(3)适应性强,容易变异:微生物对外界环境适应能力特强。有些微生物体外附着一个保护层,如荚膜等,这样一是可以作为营养,二是可以抵御吞噬细胞对它的吞噬。细菌的休眠芽孢、放线菌的孢子等对外界的抵抗力比其繁殖体要强许多倍。有些极端微生物都有相应特殊结构蛋白质、酶和其他物质,使之能适应恶劣环境。

由于微生物表面积和体积的比值大,与外界环境的接触面大,因而受环境影响也大。一旦环境变化,不适于微生物生长时,很多的微生物则死亡,少数个体发生变异而存活下来。利用微生物易变异的特性,可以在微生物工业生产中进行诱变育种,获得高产优质的菌种,提高产品产量和质量。

(4)种类多,分布广:微生物在自然界是一个十分庞杂的生物类群。迄今为止,我们所知道的微生物近 10 万种,现在仍然以每年发现几百至上千个新种的趋势增加。它们具有各种生活方式和营养类型,大多数是以有机物为营养物质,还有些是寄生类型。微生物的生理代谢类型之多,是动、植物所不及的。分解地球上储量最丰富的初级有机物——天然气、石油、纤维素、木质素的能力,属微生物专有。

微生物在自然界中的分布极为广泛,空气、土壤、江河、湖泊、海洋等都有数量不等、种类不一的微生物存在。在人类、动物和植物的体表及其与外界相通的腔道中也有多种微生物存在。

(三)微生物的分类

微生物按其结构、化学组成及生活习性等差异可分成三大类。

(1)原核细胞型微生物:细胞核分化程度低,仅有原始核质,没有核膜与核仁;细胞器不是很完善。这类微生物种类众多,有细菌、螺旋菌、支原体、立克次体、衣原体和放线菌等。

(2)真核细胞型微生物:细胞核的分化程度较高,有核膜、核仁和染色体;胞质内有完整的细胞器(如内质网、核糖体及线粒体等均属于此类型微生物)。主要有真菌、真核藻类、原生动物等。

（3）非细胞型微生物:没有典型的细胞结构,亦无产生能量的酶系统,只能在活细胞内生长繁殖。主要有病毒和亚病毒两种。

二、食品微生物检验的意义

食品因微生物腐败变质不仅对食品造成损失浪费,同时也严重影响人们的身体健康。据世界卫生组织披露,全球每年发生食源性疾病数十亿次。发达国家(包括美国)发生食源性疾病的概率也相当高,平均每年有 1/3 的人群感染食源性疾病。因此我们不仅要预防和控制微生物的污染,更要求质检部门对食品中的微生物进行严格检验,让消费者吃上放心的食品。

食品微生物检验是衡量食品卫生质量的重要指标之一,也是判定被检食品能否食用的科学依据之一。通过食品微生物检验,可以判断食品加工环境及食品卫生环境,能够对食品被细菌污染的程度做出正确的评价,为各项卫生管理工作提供科学依据。食品微生物检验是贯彻"预防为主"的卫生方针,可以有效地防止或者减少食物中毒、人畜共患病的发生,保障人民的身体健康。同时,它在提高产品质量,避免经济损失,保证进出口贸易等方面具有重要意义。

三、食品中微生物污染的来源和途径

微生物在自然界中分布十分广泛,不同的环境中存在的微生物类型和数量不尽相同,而且,食品从原料、生产、加工、储藏、运输、销售到烹调等各个环节,常常与环境发生各种方式的接触,进而导致微生物对食品的污染。污染食品的微生物来源可分为土壤、空气、水、操作人员、动植物、加工设备、包装材料、原料及辅料等方面。

(一)污染食品的微生物来源

1. 土壤

土壤中含有大量的可被微生物利用的碳源和氮源,还含有大量的硫、磷、钾、钙、镁等无机元素及硼、钼、锌、锰等微量元素,加之土壤具有一定的保水性、通气性及适宜的酸碱度(pH = 3.5 ~ 10.5),土壤温度变化范围通常在 10 ~ 30 ℃,而且表面土壤的覆盖有保护微生物免遭太阳紫外线危害的作用。可见,土壤为微生物的生长繁殖提供了有利的营养条件和环境条件。因此,土壤素有"微生物的天然培养基"和"微生物大本营"之称。土壤中的微生物数量可达 10^7 ~ 10^9 个/g。土壤中的微生物种类十分庞杂,其中细菌占有比例最大:70% ~ 80%;放线菌:5% ~ 30%,其次是真菌、藻类和原生动物。不同土壤中微生物的种类和数量有很大差异,在地面下 3 ~ 25 cm 是微生物最活跃的场所,肥沃的土壤中微生物的数量和种类较多,果园土壤中酵母的数量较多。土壤中的微生物除了自身发展外,分布在空气、水和人及动植物体的微生物也会不断进入土壤中。许多病原微生物就是随着动植物残体以及人和动物的排泄物进入土壤的。因此,土壤中的微生物既有非病原的,也有病原的。通常无芽孢菌在土壤中生存的时间较短,而有芽孢菌在土壤中生存时间较长。例如沙门氏菌只能生存数天至数周,炭疽芽孢杆菌却能生存数年或更长时间。同时土壤中还存在着能够长期生活的土源性病原菌。霉菌及放线菌的孢子在土壤中也能生存较长时间。

2. 空气

空气中不具备微生物生长繁殖所需的营养物质和充足的水分条件,加之室外经常受到紫外线照射,所以空气不是微生物生长繁殖的场所。然而空气中也确实含有一定数量的微生物,这些微生物是随风飘扬而悬浮在大气中或附着在飞扬起来的尘埃或液滴上。这些微生物可来自土壤、水、人和动植物体表的脱落物和呼吸道、消化道的排泄物。

空气中的微生物主要为霉菌、放线菌的孢子和细菌的芽孢及酵母。不同环境空气中微生物的数量和种类有很大差异。公共场所、街道、畜舍、屠宰场及通气不良处的空气中微生物的数量较高。空气中的尘埃越多,所含微生物的数量也就越多。室内污染严重的空气微生物数量可达 10^6 个/m^3,海洋、高山、乡村、森林等空气清新的地方微生物的数量较少。空气中可能会出现一些病原微生物,它们直接来自人或动物呼吸道、皮肤干燥脱落物及排泄物或间接来自土壤,如结核杆菌、金黄色葡萄球菌、沙门氏菌、流感嗜血杆菌和病毒等。患病者口腔喷出的飞沫小滴含有 1 万 ~2 万个细菌。

3. 水

自然界中的江、河、湖、海等各种淡水与咸水水域中都生存着相应的微生物。由于不同水域中有机物、无机物的种类和含量有所不同,温度、酸碱度、含盐量、含氧量和光照度等也存在差异,因而各种水域中的微生物种类和数量呈明显差异。通常水中微生物的数量主要取决于水中有机物质的含量,有机物质含量越多,其中微生物的数量也就越多。

淡水域中的微生物可分为两大类型:一类是清水型水生微生物,这类微生物习惯于在洁净的湖泊和水库中生活,以自养型微生物为主,可被看作是水体环境中的土居微生物,如硫细菌、铁细菌、浮游球衣菌及含有光合色素的蓝细菌、绿硫细菌和紫细菌等。也有部分腐生性细菌,如色杆菌属,无色杆菌属和微球菌属的一些种就能在低含量营养物的清水中生长。霉菌中也有一些水生性种类,如水霉属和绵霉属的一些种可以生长于腐烂的有机残体上。此外还有单细胞和丝状的藻类以及一些原生动物常在水中生长,通常它们的数量不大。另一类是腐败型水生微生物,它们是随腐败的有机物质进入水域,获得营养而大量繁殖的,是造成水体污染、传播疾病的重要原因。其中数量最大的革兰氏阴性菌,如变形杆菌属、大肠杆菌、产气肠杆菌和产碱杆菌属等,还有芽孢杆菌属、弧菌属和螺菌属中的一些种。当水体受到土壤和人畜排泄物的污染后,会使肠道菌的数量增加,如大肠杆菌、粪链球菌和魏氏梭菌、沙门氏菌、产气荚膜芽孢杆菌、炭疽杆菌、破伤风芽孢杆菌。

污水中还会有纤毛虫类、鞭毛虫类和根足虫类原生动物。进入水体的动植物致病菌,通常因水体环境条件不能完全满足其生长繁殖的要求,故一般难以长期生存,但也有少数病原菌可以生存数月之久。海水中也含有大量的水生微生物,主要是细菌,它们均具有嗜盐性。近海中常见的细菌有:假单胞菌、无色杆菌、黄杆菌、微球菌属、芽孢杆菌属和噬纤维菌属,它们能引起海产动植物的腐败,有的是海产鱼类的病原菌。海水中还存在有可引起人类食物中毒的病原菌,如副溶血性弧菌。矿泉水及深井水中通常含有很少的微生物数量。

4. 人体及动物体

人体及各种动物，如犬、猫、鼠等的皮肤、毛发、口腔、消化道、呼吸道均带有大量的微生物，如未经清洗的动物被毛、皮肤微生物数量可达 $10^5 \sim 10^6$ 个/cm^2。当人或动物感染了病原微生物后，体内会存在有不同数量的病原微生物，其中有些菌种是人畜共患病原微生物，如沙门氏菌、结核杆菌、布氏杆菌。这些微生物可以通过直接接触、通过呼吸道或消化道向体外排出而污染食品。蚊、蝇及蟑螂等各种昆虫也都携带有大量的微生物，其中可能有多种病原微生物，它们接触食品同样会造成微生物的污染。

5. 加工机械及设备

各种加工机械设备本身没有微生物所需的营养物质，但在食品加工过程中，由于食品的汁液或颗粒黏附于内表面，食品生产结束时机械设备没有得到彻底的灭菌，使原本少量的微生物得以在其上大量生长繁殖，成为微生物的污染源。这种机械设备在后来的使用中会通过与食品接触而造成食品的微生物污染。

6. 包装材料

各种包装材料如果处理不当也会带有微生物。一次性包装材料通常比循环使用的材料所带有的微生物数量要少。塑料包装材料由于带有电荷会吸附灰尘及微生物。

7. 原料及辅料

（1）动物性原料：屠宰前健康的畜禽具有健全而完整的免疫系统，能有效地防御和阻止微生物的侵入和在肌肉组织内扩散。所以正常机体组织内部（包括肌肉、脂肪、心、肝、肾等）一般是无菌的，而畜禽体表、被毛、消化道、上呼吸道等器官总是有微生物存在，如未经清洗的动物被毛、皮肤微生物数量可达 $10^5 \sim 10^6$ 个/cm^2。如果被毛和皮肤污染了粪便，微生物的数量会更多。刚排出的家畜粪便微生物数量可多达 10^7 个/g，瘤胃成分中微生物的数量可达 10^9 个/g。

患病的畜禽其器官及组织内部可能有微生物存在，如病牛体内可能带有结核杆菌、口蹄疫病毒等。这些微生物能够冲破机体的防御系统，扩散至机体的其他部位，此多为致病菌。动物皮肤发生刺伤、咬伤或化脓感染时，淋巴结会有细菌存在。其中一部分细菌会被机体的防御系统吞噬或消除掉，而另一部分细菌可能存留下来导致机体病变。畜禽感染病原菌后有的呈现临床症状，但也有相当一部分为无症状带菌者，这部分畜禽在运输和圈养过程中，由于拥挤、疲劳、饥饿、惊恐等刺激，机体免疫力下降而呈现临床症状，并向外界扩散病原菌，造成畜禽相互感染。

屠宰后的畜禽即丧失了先天的防御机能，微生物侵入组织后迅速繁殖。屠宰过程卫生管理不当将造成微生物广泛污染的机会。最初污染微生物是在使用非灭菌的刀具放血时，将微生物引入血液中的，随着血液短暂的微弱循环而扩散至胴体的各部位。在屠宰、分割、加工、储存和肉配销过程中的每一个环节，微生物的污染都可能发生。

屠宰前畜禽的状态也很重要。屠宰前给予充分休息和良好的饲养，使其处于安静舒适的条件，此种状态下进行屠宰其肌肉中的糖原将转变为乳酸。在屠宰后 $6 \sim 7$ h 内由于乳酸的增加使胴体的 pH 降低到 $5.6 \sim 5.7$，24 h 内 pH 降低至 $5.3 \sim 5.7$。在此 pH 条件下，污染的细菌不易繁殖。如果宰前家畜处于应激和兴奋状态，则将动用储备糖原，宰后动物组织的 pH 接近于7，在这样的条件下腐败细菌的侵染会更加迅速。

健康禽类所产生的鲜蛋内部本应是无菌的,但是鲜蛋中经常可发现微生物存在,即使是刚产出的鲜蛋也是如此。微生物污染的来源:① 卵巢内:病原菌通过血液循环进入卵巢,在蛋黄形成时进入蛋中。常见的感染菌有雏沙门氏菌(*S. pullora*)、鸡沙门氏菌(*S. gallinarum*)等。② 排泄腔(生殖道):禽类的排泄腔内含有一定数量的微生物,当蛋从排泄腔排出体外时,由于蛋内遇冷收缩,附在蛋壳上的微生物可穿过蛋壳进入蛋内。③ 环境:鲜蛋蛋壳的屏障作用有限,蛋壳上有许多大小为 $4 \sim 6 \, \mu m$ 的气孔,外界的各种微生物都有可能进入,特别是储存期长或经过洗涤的蛋,在高温、潮湿的条件下,环境中的微生物更容易借水的渗透作用侵入蛋内。

刚生产出来的鲜乳总是会含有一定数量的微生物,这是由于即使是健康乳畜的乳房内,也可能生存有一些细菌,特别是乳头管及其分支,常生存着特定的乳房菌群。主要有微球菌属、链球菌属、乳杆菌属。当乳畜患乳腺炎时,乳房内还会含有引起乳腺炎的病原菌,如无乳链球菌(*Str. agalactia*)、化脓棒状杆菌(*Cor. pyogenes*)、乳房链球菌和金黄色葡萄球菌等。患有结核或布氏杆菌病时,乳中可能有相应的病原菌存在。

鱼类生活在水域中,由于水域中含有多种微生物,所以鱼的体表、鳃、消化道内都有一定数量的微生物。活鱼体表每平方厘米附着的细菌有 $10^2 \sim 10^7$ 个,每毫升鱼的肠液中含细菌数为 $10^5 \sim 10^8$ 个。因此,刚捕捞的鱼体所带有的细菌主要是水生环境中的细菌。主要有假单胞菌属、黄色杆菌属、无色杆菌属等,淡水中的鱼还有产碱杆菌属、气单胞菌属和短杆菌属(*Brevibacterium*)等。

近海和内陆水域中的鱼可能受到人或动物的排泄物污染,而带有病原菌如副溶血性弧菌。它们在鱼体上存在的数量不多,不会直接危害人类健康,但如储藏不当,病原菌大量繁殖后可引起食物中毒。在鱼中发现的病原菌还可能有沙门氏菌、志贺氏菌和霍乱弧菌、红斑丹毒丝菌、产气荚膜梭菌,它们也是由环境污染的。捕捞后的鱼类在运输、储存、加工、销售等环节中,还可能进一步被陆地上的各种微生物污染。这些微生物主要有微球菌属和芽孢杆菌属,其次还有变形杆菌、大肠杆菌、赛氏杆菌、八叠球菌及梭状芽孢杆菌。

(2)植物性原料:健康的植物在生长期与自然界广泛接触,其体表存在大量的微生物,所以收获后的粮食一般都含有其原来生活环境中的微生物。据测定,每克粮食含有几千个以上的细菌。这些细菌多属于假单胞菌属、微球菌属、乳杆菌属和芽孢杆菌属等。此外,粮食中还含有相当数量的霉菌孢子,主要是曲霉属、青霉属、交链孢霉属、镰刀霉属等,还有酵母菌。植物体表还会附着有植物病原菌及来自人畜粪便的肠道微生物及病原菌。健康的植物组织内部应该是无菌或仅有极少数菌,如有时外观看上去是正常的水果或蔬菜,其内部组织中也可能有某些微生物的存在。有人从苹果、樱桃等组织内部分离出酵母菌,从番茄组织中分离出酵母菌和假单胞菌属的细菌。这些微生物是果蔬开花期侵入并生存于果实内部的。

感染病后的植物组织内部会存在大量的病原微生物,这些病原微生物是在植物的生长过程中通过根、茎、叶、花、果实等不同途径侵入组织内部的。

果蔬汁是以新鲜水果为原料,经加工制成的。由于果蔬原料本身带有微生物,而且在加工过程中还会再次感染,所以制成的果蔬汁中必然存在大量微生物。果汁的 pH 值

一般在 $2.4 \sim 4.2$,糖度较高,可达 $60 \sim 70$ °Bé,因而在果汁中生存的微生物主要是酵母菌,其次是霉菌和极少数的细菌。

粮食在加工过程中,经过洗涤和清洁处理,可除去籽粒表面上的部分微生物,但某些工序可使其受环境、机具及操作人员携带的微生物再次污染。多数市售面粉的细菌含量为每克几千个,同时还含有 $50 \sim 100$ 个的霉菌孢子。

(二)微生物污染食品的途径

食品在生产加工、运输、储藏、销售以及食用过程中都可能遭受到微生物的污染,其污染的途径可分为两大类。

1. 内源性污染

凡是作为食品原料的动植物体在生活过程中,由于本身带有的微生物而造成食品的污染称为内源性污染,也称第一次污染。如畜禽在生活期间,其消化道、上呼吸道和体表总是存在一定类群和数量的微生物。当受到沙门氏菌、布氏杆菌、炭疽杆菌等病原微生物感染时,畜禽的某些器官和组织内就会有病原微生物的存在。当家禽感染了鸡白痢、鸡伤寒等传染病,病原微生物可通过血液循环侵入卵巢,在蛋黄形成时被病原菌污染,使所产卵中也含有相应的病原菌。

2. 外源性污染

食品在生产加工、运输、储藏、销售、食用过程中,通过水、空气、人、动物、机械设备及用具等而使食品发生微生物污染称为外源性污染,也称第二次污染。

(1)通过水污染:在食品的生产加工过程中,水既是许多食品的原料或配料成分,也是清洗、冷却、冰冻不可缺少的物质,设备、地面及用具的清洗也需要大量用水。各种天然水源包括地表水和地下水,不仅是微生物的污染源,也是微生物污染食品的主要途径。自来水是天然水净化消毒后而供饮用的,在正常情况下含菌较少,但如果自来水管出现漏洞、管道中压力不足以及暂时变成负压时,则会引起管道周围环境中的微生物渗漏进入管道,使自来水中的微生物数量增加。在生产中,即使使用符合卫生标准的水源,由于方法不当也会导致微生物的污染范围扩大。如在屠宰加工场中的宰杀、除毛、开膛取内脏的工序中,皮毛或肠道内的微生物可通过用水的散布而造成畜体之间的相互感染。生产中所使用的水如果被生活污水、医院污水或厕所粪便污染,就会使水中微生物数量骤增,水中不仅会含有细菌、病毒、真菌、钩端螺旋体,还可能会含有寄生虫。用这种水进行食品生产会造成严重的微生物污染,同时还可能造成其他有毒物质对食品的污染,所以水的卫生质量与食品的卫生质量有密切关系。食品生产用水必须符合饮用水标准,采用自来水或深井水。循环使用的冷却水要防止被畜禽粪便及下脚料污染。

(2)通过空气污染:空气中的微生物可能来自土壤、水、人及动植物的脱落物和呼吸道、消化道的排泄物,它们可随着灰尘、水滴的飞扬或沉降而污染食品。人体的痰沫、鼻涕与唾液的小水滴中所含有的微生物包括病原微生物,当有人讲话、咳嗽或打喷嚏时均可直接或间接污染食品。人在讲话或打喷嚏时,距人体 1.5 m 内的范围是直接污染区,大的水滴可悬浮在空气中达 30 min 之久;小的水滴可在空气中悬浮 $4 \sim 6$ h,因此食品暴露在空气中被微生物污染是不可避免的。

(3)通过人及动物接触污染:从事食品生产的人员,如果他们的身体、衣帽不经常清洗,不保持清洁,就会有大量的微生物附着其上,通过皮肤、毛发、衣帽与食品接触而造成污染。在食品的加工、运输、储藏及销售过程中,如果被鼠、蝇、蟑螂等直接或间接接触,同样会造成食品的微生物污染。试验证明,每只苍蝇带有数百万个细菌,80%的苍蝇肠道中带有痢疾杆菌,鼠类粪便中带有沙门氏菌、钩端螺旋体等病原微生物。

(4)通过加工设备及包装材料污染:在食品的生产加工、运输、储藏过程中所使用的各种机械设备及包装材料,在未经消毒或灭菌前,总是会带有不同数量的微生物而成为微生物污染食品的途径。在食品生产过程中,通过不经消毒灭菌的设备越多,造成微生物污染的机会也越多。已经消毒灭菌的食品,如果使用的包装材料未经过无菌处理,则会造成食品的重新污染。

(三)食品中微生物的消长

食品受到微生物的污染后,其中的微生物种类和数量会随着食品所处环境和食品性质的变化而不断地变化。这种变化所表现的主要特征就是食品中微生物出现的数量增多或减少,即称为食品微生物的消长。食品中微生物的消长在不同阶段通常有以下规律及特点。

(1)加工前:食品加工前,无论是动物性原料还是植物性原料都已经不同程度地被微生物污染,加之运输、储藏等环节,微生物污染食品的机会进一步增加,因而使食品原料中的微生物数量不断增多。虽然有些种类的微生物污染食品后因环境不适而死亡,但是从存活的微生物总数看,一般不表现减少而只有增加。这一微生物消长特点在新鲜鱼肉类和果蔬类食品原料中表现明显,即使食品原料在加工前的运输和储藏等环节中曾采取了较严格的卫生措施,但早在原料产地已污染而存在的微生物,如果不经过一定的灭菌处理它们仍会存在。

(2)加工过程中:在食品加工的整个过程中,有些处理工艺如清洗、加热消毒或灭菌对微生物的生存是不利的。这些处理措施可使食品中的微生物数量明显下降,甚至可使微生物几乎完全消除。但如果原料中微生物污染严重,则会降低加工过程中微生物的下降率。在食品加工过程中的许多环节也可能发生微生物的二次污染。在生产条件良好和生产工艺合理的情况下,污染较少,则食品中所含有的微生物总数不会明显增多;如果残留在食品中的微生物在加工过程中有繁殖的机会,则食品中的微生物数量就会出现骤然上升的现象。

(3)加工后:经过加工制成的食品,由于其中还残存有微生物或再次被微生物污染,在储藏过程中如果条件适宜,微生物就会生长繁殖而使食品变质。在这一过程中,微生物的数量会迅速上升,当数量上升到一定程度时不再继续上升,相反活菌数会逐渐下降。这是由于微生物所需营养物质的大量消耗,使变质后的食品不利于该微生物继续生长,而逐渐死亡,此时食品不能食用。如果已变质的食品中还有其他种类的微生物存在,并能适应变质食品的基质条件而得到生长繁殖的机会,这时就会出现微生物数量再度升高的现象。加工制成的食品如果不再受污染,同时残存的微生物又处于不适宜生长繁殖的条件,那么随着储藏日期的延长,微生物数量就会日趋减少。

由于食品的种类繁多,加工工艺及方法和储藏条件不尽相同,致使微生物在不同食品中呈现的消长情况也不可能完全相同。充分掌握各种食品中微生物消长规律的特点,对于指导食品的生产具有重要的意义。

四、微生物与食品的关系

1. 微生物在食品生产中的作用

我们日常食用的很多食品都是通过微生物作用生产的。

（1）食醋：是用粮食等淀粉质为原料，经微生物制曲、糖化、酒精发酵、醋酸发酵等阶段酿制而成。

（2）酒类：包括果酒、啤酒、白酒及其他酒均是利用酿酒酵母，在厌氧条件下进行发酵，将葡萄糖转化为酒精生产的。啤酒是以优质大麦芽为主要原料，大米、酒花等为辅料，经过制麦、糖化、啤酒酵母发酵等工序酿制而成的一种含有二氧化碳、低酒精度和多种营养成分的饮料酒。

（3）酱油：微生物在生长过程中会产生大量的蛋白酶，将培养基中的蛋白质水解成小分子的肽和氨基酸，然后淋洗、调制成酱油产品。

（4）发酵乳制品：是用良好的原料乳经过杀菌作用接种特定的微生物进行发酵，产生具有特殊风味的食品。

像这类食品还有很多，可见微生物在食品生产中发挥了非常大的作用。但是，引起食品腐败变质的重要原因之一就是受微生物的污染。

2. 微生物与食品的腐败变质

微生物引起食品腐败变质的条件：

（1）食品本身具有丰富的营养成分，各种蛋白质、脂肪、碳水化合物、维生素和无机盐等只是比例不同。如有一定的水分和温度，就十分适合微生物的生长繁殖。

（2）食品所处环境的温度。当环境为低温时，会明显抑制微生物的生长和代谢速率，因而会减缓由微生物引起的腐败变质。食品处于高温环境时，如果温度超出微生物可忍耐的上限，则微生物很快死亡。如果温度在适宜生长温度以下时，则微生物的生长会随着温度的提高而加快，食品的腐败变质随之会加快。

（3）食品所处环境的湿度。高湿度一方面有利于微生物的生长与繁殖；另一方面有利于微生物的生命活动。

3. 控制食品微生物污染的措施

对某些食品原料所带有的泥土和污物进行清洗，以减少或去除所带的大部分微生物。干燥、降温，使环境不适于微生物的生长繁殖，也是一项有效的措施。在加工、运输、储藏过程中，应注意防止微生物对食品的污染。无菌密封包装是食品加工后防止微生物再次污染的有效方法。

采取防止和减少食品微生物污染腐败的保藏方法。冷藏、热加工后保藏、干燥储藏、辐射后储藏、加入化学防腐剂保藏、利用发酵或腌渍储藏食品等都是有效的保藏方法。

五、食品微生物检验的发展趋势

除去传统的显微镜观察形态结构、进行细胞培养以及生化试验等方法之外，近年来分子生物学以及微电子技术的发展催生了一系列诸如电阻抗法、核酸探针技术等食品微生物检验的新兴技术,使得微生物检验更加快速、准确,提高了食品检验的效率和可靠性,下面就几种比较典型的新兴技术进行介绍。

1. 代谢学技术

代谢学技术主要针对食品中微生物在培养基中进行繁殖过程中产生的中间产物或者对培养基中成分的改变为研究对象,从而间接获得食品微生物量化结果。主要包括电阻抗法、快速酶促反应及代谢产物检测、微量生化法、放射测量技术等方法。

以电阻抗法为例,细菌在培养基中繁殖时,会将碳水化合物、脂肪蛋白质等高分子大阻抗物质分解为小分子的醋酸盐等电解质,减小培养基的阻抗,增加其导电性。通过检测电阻变化可以得出细菌生长特性,检测相应的菌种,目前可以应用此种方法的为细菌总数、霉菌、酵母菌、大肠杆菌等菌种及数量的检测。

快速酶促反应的原理是根据细菌生长过程中代谢产生一些具有特异性的酶,可以采用相应的指示剂及反应底物进行测定,可以进行快速诊断,例如 3M Petfifilm TM 微生物测试片可以用于细菌总数、霉菌等的快速测定。

2. 抗体检测方法

目前抗体检测方法应用广泛,根据原理不同可以分为乳胶凝集反应和酶联免疫吸附法两种。以前者为例,根据抗原抗体特异性结合特性,可与大分子乳胶颗粒发生凝集反应。采用 Aureus Test 检测金黄色葡萄球菌,可在 1 min 内发生凝集反应,对于细菌的检测灵敏度以及特异性均较高。单克隆抗体酶联免疫技术的开发提高了免疫检测法的特异性。

抗体检测方法隶属于免疫学检验方法范畴,一般分为两种检测方案,一种是对于采集到的样品直接进行加入荧光标记处理,处理后观察结果;另一种是将样品加入特异性血清后,再加入荧光标记抗体的处理。抗体检测方法的优点在于简便快捷,但缺点也同样明显,非特异性荧光物质的干扰以及高昂的荧光显微镜均影响到其应用。

3. 分子生物学技术

分子生物学的发展促进了分子生物学方法检测食品微生物的技术,主要包括核酸探针技术,即通常所说的基因探针技术,以及聚合酶链式反应技术。基因探针技术原理基于基因的最小分子脱氧核糖核苷酸分子结构中碱基的特异性配对,采用相应细菌的已知 DNA 序列进行同位素标记,加入到经过解旋的待测定 DNA 样品中,根据最终得到的双链 DNA 数量确定菌种数量及种类。对于具有 DNA 的细菌而言,其遗传物质为 DNA,对于只存在 RNA 的细菌,其遗传物质为 RNA,因此微生物检测的基因探针又分为 DNA 或者 RNA 探针。基因探针技术很好地解决了微生物检测的特异性以及敏感性问题,但是探针的制备复杂,影响其应用。

任务二　食品微生物检验程序

食品微生物检验的一般步骤,可按图 1-1 的程序图进行,此图对各类食品各项微生物指标的检验具有一定的指导性。

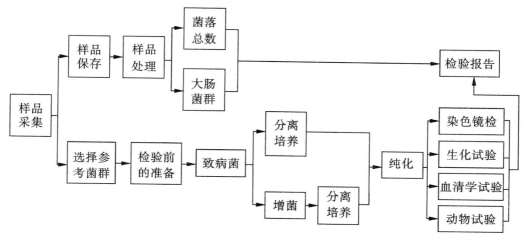

图 1-1　食品微生物检验的一般步骤

一、检验前的准备

食品微生物检验前应做好以下准备工作：① 准备好所需的各种仪器；② 按技术要求将各种玻璃仪器进行清洗、烘干、包扎、灭菌，冷却后送无菌室备用；③ 准备好需要用的各种试剂，做好普通营养琼脂或其他培养基；④ 做好无菌室或超净工作台的灭菌工作，提前1 h灭菌30~60 min；⑤ 工作衣、鞋、帽等灭菌后备用；⑥ 工作人员进入无菌室后，实验没有完成之前不得随便出入无菌室。

二、样品的采集与处理

1. 样品的采集

（1）样品种类：样品可分大样、中样、小样三种。大样是指一整批样品；中样是指从样品各部分取得的混合样品，定型包装及散装食品均采样250 g；小样系指分析用的样品，又称为检样，检样一般为25 g。

（2）采样方法：根据样品，如袋装、瓶装或罐装食品，应采用完整的未开封的样品；检样是冷冻食品的，应保持冷冻状态（可放在冰内、冰箱的冰盒内或低温冰箱保存），非冷冻食品需在0~5 ℃中保存。

1）液体样品的采样：将样品充分混匀，无菌操作开启包装，用100 mL无菌注射器抽取，放入无菌容器。

2）半固体样品的采样：无菌操作开启包装，用灭菌勺子从几个部位挖取样品，放入无菌容器。

3）固体样品的采样：大块整体食品应用无菌刀具和镊子从不同部位取样，应兼顾表面和深度，注意样品代表性；小块大包装食品应从不同部位的小块上切取样品，放入无菌容器。样品是固体粉末，应边取样边混合。

4）冷冻食品的采样：大包装小块冷冻食品的采样按小块个体采取；大块冷冻食品可

以用无菌刀从不同部位削取样品或用无菌小手锯从冷冻食品上锯取样品,也可以用无菌钻头钻取碎样品,放入无菌容器中。

注:固体样品或冷冻食品取样还应注意检样目的,若需检验食品污染情况,可取表层样品;若需检验其品质情况,应再取深部样品。

5)生产工序监测采样车间用水:自来水样从车间各水龙头上采取冷却水,汤料从车间容器不同部位用 100 mL 无菌注射器抽取。

6)车间台面、用具及加工人员手的卫生监测:用板孔 5 cm² 无菌采样板及 5 支无菌棉签擦拭 25 cm² 面积。

7)车间空气采样:将 5 个直径 90 mm 的普通营养琼脂平板分别置于车间的四角和中部,打开平皿盖 5 min,然后盖上平板送检。

(3)采样的标签:采样前或后应立即贴上标签,每件样品必须标记清楚,如品名、来源、数量、采样地点、采样人及采样时间(年、月、日)。

(4)取样注意事项:取样时注意以下事项:① 防止交叉污染或二次污染;② 取样人员的个人卫生与控制;③ 取样地点的环境控制,空气净化要达到要求;④ 取样的器皿要求彻底消毒,避免直接与空气接触;⑤ 取样的操作要规范、迅速(无菌操作);⑥ 减少样品存放的时间(保持样品原有的状态、易变质的样品要冷藏),取样要有代表性;⑦ 取样的数量标准;⑧ 取样的方法。

2. 样品的处理

样品处理应在无菌室内进行,若是冷冻样品必须事先在原容器中解冻 2 ~ 5 ℃不超过 18 h 或 45 ℃不超过 15 min。一般固体食品的样品处理方法有以下几种:

(1)捣碎均质方法:将 100 g 或 100 g 以上样品剪碎混匀,从中取 25 g 放入带 225 mL 稀释液的无菌均质杯中 8000 ~ 10000 r/min 均质 1 ~ 2 min,这是对大部分食品样品都适用的办法。

(2)剪碎振摇法:将 100 g 或 100 g 以上样品剪碎混匀,从中取 25 g 进一步剪碎,放入带有 225 mL 稀释液和适量 45 mm 左右玻璃珠的稀释瓶中,盖紧瓶盖,用力快速振摇 50 次,振幅不小于 40 cm。

(3)研磨法:将 100 g 或 100 g 以上样品剪碎混匀,取 25 g 放入无菌乳钵充分研磨后再放入带有 225 mL 无菌稀释液的稀释瓶中,盖紧盖后充分摇匀。

(4)整粒振摇法:有完整自然保护膜的颗粒状样品(如蒜瓣、青豆等)可以直接称取 25 g 整粒样品放入带有 225 mL 无菌稀释液和适量玻璃珠的无菌稀释瓶中,盖紧瓶盖,用力快速振摇 50 次,振幅在 40 cm 以上。冻蒜瓣样品若剪碎或均质,由于大蒜素的杀菌作用,所得结果大大低于实际水平。

(5)胃蠕动均质法:这是国外使用的一种新型的均质样品的方法,将一定量的样品和稀释液放入无菌均质袋中,开机均质。均质器有一个长方形金属盒,其旁安装有金属叶板,可打击均质袋,金属叶板由恒速马达带动,作前后移动而撞碎样品。

三、样品的送检

采样后,在送检过程中,要尽可能保持检样原有的物理和微生物状态,不要因送检过程而引起微生物的减少或增多。无菌方法采样后,所装样品的容器要无菌,装样后尽可能密封,以防止环境中的微生物进一步污染。进行微生物检验的样品,送达实验室越快越好,一般不超过 3 h。若路途遥远,可将不需冷冻的样品,保持在 1 ~ 5 ℃环境中送检,可采用冰桶等装置。若需保持在冷冻状态(如已冰冻的样品),则需将样品保存在泡沫塑料隔热箱内,箱内可置干冰,使温度维持在 0 ℃以下,或采用其他冷藏设备。送检样品不得加入任何防腐剂;水产品因含水分较多,体内酶的活力较旺盛,易于变质。因此,采样后应在 3 h 内送检,在送检途中一般都应加冰保存。对于某些易死亡病原菌检验的样品,在运送过程中可采用运送培养基。

检样标注适当标记并填写微生物学检验特殊要求的送检申请单。其内容包括:样品的描述,采样者的姓名,采样的日期、时间、地点,采样时的温度和湿度等。

四、样品的检验

1. 选择检验方法

国内:国家标准。

国外:国际标准,如 FAO 标准、WHO 标准;每个进口国的标准,如美国 FDA 标准、日本厚生省标准、欧共体标准等。

2. 检验要求

① 按照标准操作规程进行检验操作,边工作边做原始记录。②检测结束,连同结果一起交同条线技术人员复核。复核过程中发现错误,复核人应通知检测人更正,然后重新复核。③检测人和复核人在原始记录上签名,并编写"检测报告底稿"。④所有检测项目完成后,检测人员将原始记录(样表见表1-2)、样品卡、报告书底稿交主管人员作全面校核。

3. 样品的保留

① 阴性样品:在发出报告以后可及时处理;② 阳性样品:在发出报告以后 3 天才能处理样品;③进口食品的阳性样品:要保留 6 个月才能处理;④ 微生物检验不进行复检。

五、检验报告

按样品项目完成各类检验后,检验人员应及时填写检验报告单,签名后送主管人员签字,加盖单位印章,以示生效,立即交食品卫生监督人员处理,检验报告示例见表1-3。

注:检验结果报告后,被检样品方能处理。检出致病菌的样品要经过无害化处理;检验结果报告后,剩余样品或同批样品不进行微生物项目的复检。

编号：AY-QR-067

表1-2　食品微生物检验原始记录

样品名称		样品编号	
受检单位		样品批号	
检测环境	温度（T）：　　℃；相对湿度（RH）：　　%	接样日期	
检测地点	□净化室	检测起止日期	
检测依据	□GB/T 4789.2—2010　□GB/T 4789.3—2010　□GB/T 4789.4—2010　□GB/T 4789.5—2012　□GB/T 4789.7—2013 □SN/T 1022—2010　□GB/T 4789.10—2010　□GB/T 4789.30—2010　□GB/T 4789.38—2012　□GB/T 4789.39—2013		
检测仪器	□电热恒温培养箱（型号：DNP-9272）36±1 ℃　□电热恒温培养箱（型号：DNP-9272）（36±1）℃ 编号04-15　□电热恒温培养箱（型号：DNP-9272）（36±1）℃ 编号04-15　□电子天平（型号：SC6010）编号00-2 □均质器（型号：BJ-IV）编号08-J3 转速8000 r/min 时间□1分钟□2分钟□3分钟		

菌落总数[cfu/mL（g）]

培养温度　　　℃，培养时间　　　h

稀释度	10⁻¹	10⁻²	10⁻³
平板1			
平板2			
空白对照			
结果			

大肠菌群[MPN/100 mL（g）]

LST肉汤　温度　　　℃，时间　　　h

BGLB肉汤　温度　　　℃，时间　　　h

接种量	mL（g）× 管数		
	10⁻¹×3	10⁻²×3	10⁻¹×3
LST肉汤			
BGLB肉汤			
空白对照			
结果			

粪大肠菌群[cfu/mL（g）]

LST肉汤　温度　　　℃，时间　　　h

EC肉汤　温度　　　℃，时间　　　h

接种量	mL（g）× 管数		
	10⁻¹×3	10⁻²×3	10⁻¹×3
LST肉汤			
EC肉汤			
空白对照			
结果			

续表 1-2

检测项目	前增菌	温度℃	时间 h	增菌液	温度℃	时间 h	平板	温度℃	时间 h	可疑菌落形态	生化试验	结果
大肠埃希氏菌	LST			EC 肉汤			EMB 平板					
沙门氏菌	BPW			TTB 增菌			BS 平板					
				SC 增菌液			XLD 平板					
							显色培养基					
霍乱弧菌	APW			APW			TCBS					
							显色培养基					
单增李斯特氏菌	LB_1			LB_2			显色培养基					
							PALCAM 平板					
金黄色葡萄球菌	—			10% 氯化钠胰酪胨大豆肉汤			Baird-Parker 平板					
							显色培养基					
副溶血性弧菌	—			3% 氯化钠碱性蛋白胨水			TCBS 平板					
							显色培养基					
志贺氏菌	—			志贺氏增菌肉汤			XLD 平板					
							显色培养基					
							MAC 平板					

其它(生化试验、血清凝集试验等)：

检测者：　　　　　　　　　　　　　　　　　审核者：

表 1-3 产品微生物质量检验出厂报告

批次：   年   月   日

产品名称				
序号	检验项目	检验结果	单项结论	备注
1	菌落总数			
2	大肠菌群			
3	粪大肠菌群			
4	大肠埃希氏菌			
5	沙门氏菌			
6	霍乱弧菌			
7	单增李斯特氏菌			
8	金黄色葡萄球菌			
9	副溶血性弧菌			
10	志贺氏菌			
备 注				

抽样人：   检验：   审核：

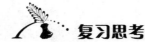

复习思考题

1. 简述微生物的概念及特点。

2. 简述食品微生物检验的意义。

3. 简述食品微生物的主要来源。

4. 概述食品微生物检验采样的一般原则。

5. 简述食品微生物检验的一般程序。

6. 样品根据其大小可分为几种,各自意义如何?

7. 在微生物检验中,检验前要做好哪些准备工作?

8. 在微生物检验中,采样及送检时要遵守哪些要求?

9. 在微生物检验中,如何进行样品的保留?

模块二
食品微生物检验常用设备及方法

任务一　显微镜

微生物个体微小,必须借助于显微镜才能研究它们的个体形态和细胞结构。因此,在微生物学的各项研究中,显微镜就成为不可缺少的工具。

显微镜以显微原理分类可分为光学显微镜、电子显微镜和数码显微镜。光学显微镜的种类又包括明视野显微镜(普通光学显微镜)、暗视野显微镜、荧光显微镜、相差显微镜、激光扫描共聚焦显微镜、偏光显微镜、微分干涉差显微镜、倒置显微镜。

普通光学显微镜的主要结构有:目镜,镜筒,转换器,物镜,载物台,通光孔,遮光器,压片夹,反光镜,镜座,粗准焦螺旋,细准焦螺旋,镜臂,镜柱。

一、显微镜的构造及原理

(一)基本构造

普通光学显微镜简称显微镜,它包括单目普通光学显微镜和双目普通光学显微镜(见图2-1,图2-2),后者比前者多一个目镜,可以双眼同时观察,它们的构造主要分为两部分:机械部分和光学部分。

1. 机械部分

(1)镜座和镜臂:镜座作用是支撑整个显微镜,装有反光镜,有的还装有照明光源。镜臂作用是支撑镜筒和载物台,分固定、可倾斜两种。

(2)载物台(又称工作台、镜台):载物台作用是安放载玻片,形状有圆形和方形两种,其中方形的面积为120 mm×110 mm。中心有一个通光孔,通光孔后方左右两侧各有一个安装压片夹用的小孔。分为固定式与移动式两种。有的载物台的纵横坐标上都装有游标尺,一般读数为0.1 mm,游标尺可用来测定标本的大小,也可用来对被检部分做标记。

(3)镜筒:镜筒上端放置目镜,下端连接物镜转换器。分为固定式和可调节式两种。机械筒长(从目镜管上缘到物镜转换器螺旋口下端的距离称为镜筒长度或机械筒长)不能变更的叫作固定式镜筒,能变更的叫作调节式镜筒,新式显微镜大多采用固定式镜筒,国产显微镜也大多采用固定式镜筒,国产显微镜的机械筒长通常是160 mm。

安装目镜的镜筒,有单筒和双筒两种。单筒又可分为直立式和倾斜式两种,双筒则都是倾斜式的。其中双筒显微镜,两眼可同时观察以减轻眼睛的疲劳。双筒之间的距离可以调节,而且其中有一个目镜有屈光度调节(即视力调节)装置,便于两眼视力不同的观察者使用。

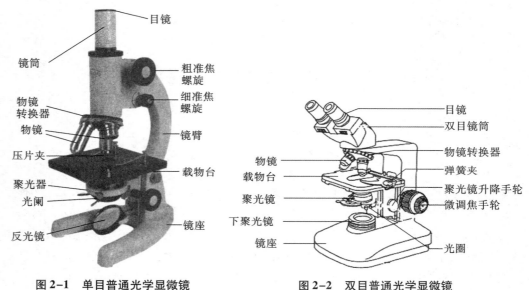

图2-1 单目普通光学显微镜   图2-2 双目普通光学显微镜

(4)物镜转换器:物镜转换器固定在镜筒下端,有3~4个物镜螺旋口,物镜应按放大倍数高低顺序排列。旋转物镜转换器时,应用手指捏住旋转碟旋转,不要用手指推动物镜,因时间长容易使光轴歪斜,使成像质量变差。

(5)调焦装置:显微镜上装有粗准焦螺旋和细准焦螺旋。有的显微镜粗准焦螺旋与细准焦螺旋装在同一轴上,大螺旋为粗准焦螺旋,小螺旋为细准焦螺旋;有的则分开安置,位于镜臂的上端较大的一对螺旋为粗准焦螺旋,其转动一周,镜筒上升或下降10 mm。位于粗准焦螺旋下方较小的一对螺旋为细准焦螺旋,其转动一周,镜筒升降值为0.1 mm,细准焦螺旋调焦范围不小于1.8 mm。

2.光学部分

显微镜的光学部分直接影响显微镜的性能,是显微镜的核心部分。

(1)物镜:物镜是决定显微镜性能的最重要部件,安装在物镜转换器上,接近被观察的物体,故叫作物镜或接物镜。物镜的放大倍数与其长度成正比。物镜放大倍数越大,物镜越长。

1)物镜的分类:物镜根据使用条件的不同可分为干燥物镜和浸液物镜;其中浸液物镜又可分为水浸物镜和油浸物镜(常用放大倍数为 90～100 倍)。根据放大倍数的不同可分为:低倍物镜(10 倍以下)、中倍物镜(20 倍左右)、高倍物镜(40～65 倍)。根据像差矫正情况,分为消色差物镜(常用,能矫正光谱中两种色光的色差的物镜)和复色差物镜(能矫正光谱中三种色光的色差的物镜,价格贵,使用少)。

2)物镜的主要参数:放大倍数、数值孔径和工作距离。

①放大倍数是指眼睛看到像的大小与对应标本大小的比值。它指的是长度的比值而不是面积的比值。例放大倍数为 100×,指的是长度是 1 μm 的标本,放大后像的长度是 100 μm,以面积计算,则放大了 10,000 倍。

显微镜的总放大倍数等于物镜和目镜放大倍数的乘积。

②数值孔径也叫镜口率,简写为 NA 或 A,是物镜和聚光器的主要参数,与显微镜的分辨力成正比。干燥物镜的数值孔径为 0.05～0.95,油浸物镜(香柏油)的数值孔径为 1.25。

③工作距离是指当所观察的标本最清楚时物镜的前端透镜下面到标本的盖玻片上面的距离。物镜的工作距离与物镜的焦距有关,物镜的焦距越长,放大倍数越低,其工作距离越长。

(2)目镜。因为它靠近观察者的眼睛,因此也叫接目镜。安装在镜筒的上端。

1)目镜的结构。通常目镜由上下两组透镜组成,上面的透镜叫作接目透镜,下面的透镜叫作会聚透镜或场镜。上下透镜之间或场镜下面装有一个光阑(它的大小决定了视场的大小),因为标本正好在光阑面上成像,可在这个光阑上粘一小段毛发作为指针,用来指示某个特点的目标。也可在其上面放置目镜测微尺,用来测量所观察标本的大小。

目镜的长度越短,放大倍数越大(因目镜的放大倍数与目镜的焦距成反比)。

2)目镜的作用。将已被物镜放大的,分辨清晰的实像进一步放大,达到人眼能容易分辨清楚的程度。常用目镜的放大倍数为 5～16 倍。

(3)聚光器。聚光器也叫集光器。位于标本下方的聚光器支架上。它主要由聚光镜和可变光阑组成。其中,聚光镜可分为明视场聚光镜(普通显微镜配置)和暗视场聚光镜。

(4)照明光源。显微镜的照明可以用天然光源或人工光源。

1)天然光源。光线来自天空,最好是由白云反射来的。不可利用直接照来的太阳光。

2)人工光源。①对人工光源的基本要求:有足够的发光强度;光源发热不能过多。②常用的人工光源:显微镜灯、日光灯。

(二)显微镜成像原理

光学显微镜主要由目镜、物镜、载物台和反光镜组成。目镜和物镜都是凸透镜,焦距不同。物镜的凸透镜焦距小于目镜的凸透镜的焦距。物镜相当于投影仪的镜头,物体通过物镜成倒立、放大的实像。目镜相当于普通的放大镜,该实像又通过目镜成正立、放大的虚像。经显微镜到人眼的物体都成倒立。如图 2-3。

显微镜是利用凸透镜的放大成像原理,将人眼不能分辨的微小物体放大到人眼能分辨的尺寸,其主要是增大近处微小物体对眼睛的张角(视角大的物体在视网膜上成像大),用角放大率 M 表示它们的放大本领。因同一件物体对眼睛的张角与物体离眼睛的距离有关,所以一般规定像离眼睛距离为 25 cm(明视距离)处的放大率为仪器的放大率。显微镜观察物体时通常视角甚小,因此视角之比可用其正切之比代替。

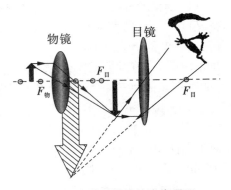

图 2-3　光学显微镜的成像原理

二、显微镜的使用方法

(一)低倍镜、高倍镜及油镜的识别

(1)标明放大倍数 10×,40×,100×,或 10/0.25, 40/0.65,100/1.25。

(2)低倍镜最短,高倍镜较长,油镜最长。

(3)镜头前面的镜孔低倍镜最大,高倍镜较大,油镜最小。

(4)油镜头上常刻有黑色环圈,或"oil"字。

(二)低倍镜的使用方法

(1)取镜和安放。右手握住镜臂,左手托住镜座。把显微镜放在实验台上,略偏左(显微镜放在距实验台边缘 7 cm 左右处)。安装好目镜和物镜。

(2)对光。用拇指和中指移动旋转器(切忌手持物镜移动),使低倍镜对准镜台的通光孔(当转动听到碰叩声时,说明物镜光轴已对准镜筒中心)。调节为较大光圈并将反光镜转向光源,左眼在目镜上观察(右眼睁开),同时调节反光镜偏转角度,直到视野内出现明亮光斑为止。

(3)放置玻片标本。取一玻片标本放在镜台上,使有盖玻片的一面朝上,切不可放反,用压片夹夹住,然后移动玻片,将所要观察的部位调到视野范围内。

(4)调节焦距。以左手按逆时针方向转动粗准焦螺旋,使镜筒缓慢地下降至物镜距标本片约 0.5 mm 处,应注意在下降镜筒时,切勿在目镜上观察。一定要从右侧看着镜筒下降,以免下降过多,造成镜头或标本片的损坏。然后,两眼同时睁开,用左眼在目镜上观察,左手顺时针方向缓慢转动细准焦螺旋,使镜筒缓慢上升,直到视野中出现清晰的物像为止。

如果物像不在视野中心,可移动玻片,将所要观察的部位调到视野范围内(注意移动玻片的方向与视野物像移动的方向是相反的)。如果视野内的亮度不合适,可通过调整光圈的大小来调节,如果在调节焦距时,镜筒上升已超过工作距离(>5.40 mm)而未见到物像,说明此次操作失败,则应重新操作。

(三)高倍镜的使用方法

(1)选好目标。先在低倍镜下把需进一步观察的部位调到中心,同时把物像调节到最清晰的程度,才能进行高倍镜的观察。

(2)转动转换器。调换上高倍镜头,转换高倍镜时转动速度要慢,并从侧面进行观察

（防止高倍镜头碰撞玻片），如高倍镜头碰到玻片,说明低倍镜的焦距没有调好,应重新操作。

（3）调节焦距。转换好高倍镜后,用左眼在目镜上观察,此时一般能见到一个不太清楚的物像,可将细调节器的螺旋逆时针移动0.5～1圈,即可获得清晰的物像（切勿用粗调节器）。如果视野的亮度不合适,可用集光器和光圈加以调节,如果需要更换玻片标本时,必须转动粗调节器使镜筒上升,方可取下玻片标本。

（四）油镜的使用

1. 原理

使用油镜观察时,需加香柏油,因为油镜需要进入镜头的光线多,但油镜的通光孔径最小,这样进入的光线就少,物体不易看清楚。同时又因自玻片透过的光线,由于介质（玻片–空气–接物镜）密度（玻片:n=1.52,空气:n=1.0）不同而发生了折射散光,因此射入镜头的光线就更少,物体更看不清楚。于是采用一种和玻片折光率相接近的介质如香柏油,加于标本与玻片之间,使光线不通过空气,这样射入镜头的光线就较多,物像就看得清楚。

2. 方法步骤

（1）将光线调至最强程度（聚光器提高,光圈全部开放）。

（2）转动粗准焦螺旋使镜筒上升,滴香柏油1小滴（不要过多,不要涂开）于接物镜正下方标本上。

（3）转动接物镜转换器,使油镜头于镜筒下方。

（4）俯身镜旁侧面,在肉眼的观察下,转动粗准焦螺旋使油镜头徐徐下降浸入香柏油内,轻轻接触玻片为止。

（5）慢慢转动粗准焦螺旋,使油镜头徐徐上升至见到标本的物像为止。

（6）转动细准焦螺旋,使视野物像达到最清晰的程度。

（7）左手徐徐移动玻片或载物台,并转动细准焦螺旋以观察标本。

（8）标本观察完毕后,转动粗准焦螺旋将镜筒升起,取下标本玻片。立即用擦镜纸将镜头上的香柏油擦净,再用擦镜纸蘸着二甲苯擦拭2～3次,最后再用擦镜纸将二甲苯拭去。

三、注意事项

（1）使用显微镜之前,应熟悉显微镜的各部分名称及使用方法,特别应掌握识别三种物镜之特征。

（2）利用自然光源镜检时,最好用朝北的光源,不宜采用直射阳光;利用人工光源时,宜用日光灯的光源。

（3）镜检时身体要正对实验台,采取端正的姿态,两眼自然张开,左眼观察标本,右眼观察记录及绘图,同时左手调节焦距,使物像清晰并移动标本视野。右手记录、绘图。

（4）镜检时载物台不可倾斜,因为当载物台倾斜时,液体或油易流出,既损坏了标本,又污染载物台,也影响检查结果。

（5）在一般情况下,染色标本光线宜强,无色或未染色标本光线宜弱;低倍镜观察光线宜弱,高倍镜观察光线宜强。

四、显微镜的保养

(1)显微镜在从木箱中取出或装箱时,右手紧握镜臂,左手稳托镜座,轻轻取出。不要只用一只手提取,以防显微镜坠落,然后轻轻放在实验台上或装入木箱内。

(2)显微镜放到实验台上时,先放镜座的一端,再将镜座全部放稳,切不可使镜座全面同时与台面接触,这样震动过大,透镜和微调节器的装置易损坏。

(3)显微镜须经常保持清洁,勿使油污和灰尘附着。如透镜部分不洁时,用擦镜纸轻擦,如有油污,先将擦镜纸蘸少许二甲苯拭去。

(4)显微镜不能在阳光下暴晒和使用。

(5)接目镜和接物镜不要随便抽出和卸下必须抽取接目镜时,须将镜筒上口用净布遮盖,避免灰尘落入镜筒内。更换接物镜时,卸下后应倒置在清洁的台面下,并随即装入木箱的置放接物镜的管内。

(6)显微镜用完后,取下标本片,经聚光器降下,再将物镜转成"八"字形,转动粗准焦螺旋使镜筒下降,以免接物镜与聚光器相碰。

(7)显微镜应放在干燥的地方,以防生霉。

五、显微镜的维护

(1)观察完后,移去观察的载玻片标本。

(2)用过的油镜,应先用擦镜纸将镜头上的油擦去,再用擦镜纸蘸着二甲苯擦拭2~3次,最后再用擦镜纸将二甲苯拭去。

(3)转动物镜转换器,使镜头离开通光孔。

(4)将镜身下降到最低位置,调节好镜台上标本移动器的位置,罩上防尘套。

(5)镜头的保护最为重要。不要随意取下目镜,以防止尘土落入镜筒。镜头要保持清洁,只能用软而没有短绒毛的擦镜纸擦拭。擦镜纸要放在纸盒中,以防沾染灰尘。切勿用手绢或纱布等擦拭镜头。物镜在必要时可以用溶剂清洗,但要注意防止溶解固定透镜的胶固剂。根据不同的胶固剂,可选用不同的溶剂,如酒精、丙酮和二甲苯等,其中最安全的是二甲苯。方法是用擦镜纸或脱脂棉花团蘸取少量的二甲苯,轻擦,并立即用擦镜纸将二甲苯擦去,然后用洗耳球吹去可能残留的短绒。目镜是否清洁可以在显微镜下检视。转动目镜,如果视野中可以看到污点随着转动,则说明目镜已沾有污物,可用擦镜纸擦拭。如果还不能除去,再擦拭下面的透镜,擦过后用洗耳球将短绒吹去。在擦拭目镜或由于其他原因需要取下目镜时,都要用擦镜纸将镜筒的口盖好,以防灰尘进入镜筒内。

显微镜常见故障排除

任务二 培养基的制备

一、培养基的概念

培养基是液体、半固体或固体形式的、含天然或合成成分,用于保证微生物繁殖(含或不含某类微生物的抑菌剂)、鉴定或保持其活力的物质。一般都含有水、氮源、无机盐(包括微量元素)、碳源、生长因子(维生素、氨基酸、碱基、抗生素、色素、激素和血清等)。

二、培养基配制原则

(一)选择适宜的营养物质

微生物生长繁殖均需要培养基含有碳源、氮源、无机盐、生长因子、水及能源,但微生物营养类型复杂,对营养物质的需求也不一样,因此要根据不同微生物的营养需求配制针对性强的培养基。自养型微生物能从简单的无机物合成自身需要的糖类、脂类、蛋白质、核酸、维生素等复杂的有机物,因此培养自养型微生物的培养基完全可以(或应该)由简单的无机物组成。例如,培养化能自养型的氧化硫杆菌的培养基。在培养基配制过程中并未专门加入其他碳源物质,而是依靠空气中和溶于水中的 CO_2 为氧化硫硫杆菌提供碳源。微生物主要类型有细菌、放线菌、酵母菌、霉菌、原生动物、藻类及病毒等,所需的培养基各不相同。在实验室中常用牛肉膏蛋白胨培养基(或简称普通肉汤培养基)培养细菌,用高氏 1 号合成培养基培养放线菌,培养酵母菌一般用麦芽汁培养基,培养霉菌则一般用查氏合成培养基。

(二)营养物质浓度及配比合适

培养基中营养物质浓度合适微生物才能生长良好,营养物质浓度过低时不能满足微生物正常生长所需,浓度过高时则可能对微生物生长起抑制作用。例如,高浓度糖类物质、无机盐、重金属离子等不仅不能维持和促进微生物的生长,反而起到抑菌或杀菌作用。另外,培养基中各营养物质之间的浓度配比也直接影响微生物的生长繁殖和(或)代谢产物的形成和积累,其中碳氮比(C/N)的影响较大。严格地讲,碳氮比指培养基中碳元素与氮元素的物质的量比值,有时也指培养基中还原糖与粗蛋白之比。例如,在利用微生物发酵生产谷氨酸的过程中,培养基碳氮比为 4/1 时,菌体大量繁殖,谷氨酸积累少;当培养基碳氮比为 3/1 时,菌体繁殖受到抑制,谷氨酸产量则大量增加。再如,在抗生素发酵生产过程中,可以通过控制培养基中速效氮(或碳)源与迟效氮(或碳)源之间的比例来控制菌体生长与抗生素的合成协调。

(三)控制 pH 条件

培养基的 pH 必须控制在一定的范围内,以满足不同类型微生物的生长繁殖或产生代谢产物。各类微生物生长繁殖或产生代谢产物的最适 pH 条件各不相同,一般来讲,细菌与放线菌适于在 pH=7~7.5 范围内生长,酵母菌和霉菌通常在 pH=4.5~6 范围内生长。值得注意的是,在微生物生长繁殖和代谢过程中,由于营养物质被分解利用和代谢产物的形成与积累,会导致培养基 pH 发生变化,若不对培养基 pH 条件进行控制,往往导致微生物生长速度下降或(和)代谢产物产量下降。因此,为了维持培养基 pH 的相对恒定,通常在培养基中加入 pH 缓冲剂,常用的缓冲剂是 KH_2PO_4 和 K_2HPO_4 组成的混合物。K_2HPO_4 溶液呈碱性,KH_2PO_4 溶液呈酸性,两种物质的等量混合溶液的 pH 为 6.8。当培养基中酸性物质积累导致 H^+ 浓度增加时,H^+ 与弱碱性盐结合形成弱酸性化合物,培养基 pH 不会过度降低;如果培养基中 OH^- 浓度增加,OH^- 则与弱酸性盐结合形成弱碱性化合物,培养基 pH 也不会过度升高。但 KH_2PO_4 和 K_2HPO_4 缓冲系统只能在一定的 pH 范围(pH=6.4~7.2)内起调节作用。有些微生物,如乳酸菌能大量产酸,上述缓冲系统就难以起到缓冲作用,此时可在培养基中添加难溶的碳酸盐(如 $CaCO_3$)来进行调节,$CaCO_3$ 难溶于水,不会使培养基 pH 过度升高,但它可以不断中和微生物产生的酸,同时释放出 CO_2,将培养基 pH 控制在一定范围内。在培养基中还存在一些天然的缓冲系统,如氨基酸、肽、蛋白质都属于两性电解质,也可起到缓冲剂的作用。

(四)控制氧化还原电位

不同类型微生物生长对氧化还原电位的要求不一样,一般好氧性微生物在氧化还原电位值为 +0.1 V 以上时可正常生长,一般以 +0.3~+0.4 V 为宜,厌氧性微生物只能在氧化还原电位值低于 +0.1 V 条件下生长,兼性厌氧微生物在电位值为 +0.1 V 以上时进行好氧呼吸,在 +0.1 V 以下时进行发酵。氧化还原电位值与氧分压和 pH 有关,也受某些微生物代谢产物的影响。在 pH 相对稳定的条件下,可通过增加通气量(如振荡培养、搅拌)提高培养基的氧分压,或加入氧化剂,从而增加氧化还原电位值;在培养基中加入抗坏血酸、硫化氢、半胱氨酸、谷胱甘肽、二硫苏糖醇等还原性物质可降低氧化还原电位值。

(五)原料来源的选择

在配制培养基时应尽量利用廉价且易于获得的原料作为培养基成分,特别是在发酵工业中,培养基用量很大,利用低成本的原料更体现出其经济价值。例如,在微生物单细胞蛋白的工业生产过程中,常常利用糖蜜(制糖工业中含有蔗糖的废液)、乳清(乳制品工业中含有乳糖的废液)、豆制品工业废液及黑废液(造纸工业中含有戊糖和己糖的亚硫酸纸浆)等都可作为培养基的原料。再如,工业上的甲烷发酵主要利用废水、废渣作原料,而在我国农村,已推广利用人畜粪便及禾草为原料发酵生产甲烷作为燃料。另外,大量的农副产品或制品,如谷皮、米糠、玉米浆、酵母浸膏、酒糟、豆饼、花生饼、蛋白胨等都是常用的发酵工业原料。

(六)灭菌处理

要获得微生物纯培养,必须避免杂菌污染,对所用器材及工作场所进行消毒与灭菌。对培养基而言,更是要进行严格的灭菌。培养基一般采取高压蒸汽灭菌,在压力为 1.05 kg/cm² ,温度 121.3 ℃ 条件下维持 15~30 min 可达到灭菌目的。在高压蒸汽灭菌过程中,长时间高温会使某些不耐热物质遭到破坏,如使糖类物质形成氨基糖、焦糖,因此含糖培养基常在压力 0.56 kg/cm² ,温度 112.6 ℃ ,时间 15~30 min 进行灭菌,某些对糖类要求较高的培养基,可先将糖进行过滤除菌或间歇灭菌,再与其他已灭菌的成分混合;长时间高温还会引起磷酸盐、碳酸盐与某些阳离子(特别是钙、镁、铁离子)结合形成难溶性复合物而产生沉淀,因此,在配制用于观察和定量测定微生物生长状况的合成培养基时,常需在培养基中加入少量螯合剂,避免培养基中产生沉淀,常用的螯合剂为乙二胺四乙酸(EDTA)。还可以将含钙、镁、铁等离子的成分与磷酸盐、碳酸盐分别进行灭菌,然后再混合,避免形成沉淀;高压蒸汽灭菌后,培养基 pH 会发生改变(一般使 pH 降低),可根据所培养微生物的要求,在培养基灭菌前后加以调整。在配制培养基过程中,泡沫的存在对灭菌处理极不利,因为泡沫中的空气形成隔热层,使泡沫中微生物难以被杀死。因而有时需要在培养基中加入消泡剂以减少泡沫的产生。

三、培养基的分类

(一)根据营养成分来源分类

1.天然培养基

天然培养基指利用天然有机物配制而成的培养基。如牛肉浸膏、蛋白胨、酵母浸膏(见表 2-1)、豆芽汁、玉米粉、麸皮、牛奶等制成的培养基。

这类培养基的特点是成本较低、配制方便、营养全面而丰富、价格低廉,适合于各类异养微生物生长,除在实验室经常使用外,也适于用来进行工业上大规模的微生物发酵生产。缺点是它们的成分复杂,产品成分不稳定,一般自养微生物不能在这类培养基上生长。

表 2-1　牛肉浸膏、蛋白胨及酵母浸膏的来源及主要成分

营养物质	来源	主要成分
牛肉浸膏	瘦牛肉组织浸出汁浓缩而成的膏状物质	富含水溶性糖类、有机氮化合物、维生素、盐等
蛋白胨	将肉、酪素或明胶用酸或蛋白酶水解后干燥而成的粉末状物质	富含有机氮化合物、也含有一些维生素和糖类
酵母浸膏	酵母细胞的水溶性提取物浓缩而成的膏状物质	富含 8 类维生素,也含有有机氮化合物和糖类

2.半合成培养基

该类培养基由成分明确的化学物质和成分不明确的天然有机物共同构成。可以在天然有机物的基础上适当加入已知成分的无机盐类,也可以在合成培养基的基础上添加某些天然成分。如 Baird-Parker 琼脂、TTB 肉汤、血琼脂、XLD 琼脂等都属于此类培养基。

这类培养基能更有效地满足微生物对营养物质的需要。用于食品微生物检测的大部分培养基属于此类。

3.合成培养基

合成培养基是由化学成分和含量已知并恒定的物质配制而成的。如用于放线菌培养的高氏 1 号合成培养基、培养真菌的察氏培养基等。

合成培养基的配制具有重复性强、成分精确的优点,但与天然培养基相比其成本较

高,微生物在其中生长速度较慢,一般适于在实验室用来进行有关微生物营养需求、代谢、分类鉴定、生物量测定、菌种选育及遗传分析等方面的研究工作。

(二)根据物理状态划分

根据培养基的物理状态划分,即根据培养基中凝固剂(琼脂、明胶、硅胶等)的含量,可将培养基划分为固体培养基、半固体培养基和液体培养基等三种类型。

1. 固体培养基

在液体培养基中加入一定量凝固剂,使其成为固化状态即为固体培养基。常用的凝固剂有琼脂、明胶和硅胶。凝固剂应具备以下条件:①不被所培养的微生物分解利用;②在微生物生长的温度范围内保持固体状态;③凝固剂凝固点温度不能太低,否则不利于微生物的生长;④凝固剂对所培养的微生物无毒害作用;⑤凝固剂在灭菌过程中不会被破坏;⑥透明度好,黏着力强;⑦配制方便且价格低廉。

琼脂是藻类(海产石花菜)中提取的一种高度分支的复杂多糖。对绝大多数微生物而言,琼脂是最理想的凝固剂,在固体培养基中,它的添加量一般为1.5%~2%。明胶是由胶原蛋白制备得到的产物,是最早用来作为凝固剂的物质,但由于其凝固点太低,而且某些细菌和许多真菌产生的非特异性胞外蛋白酶以及梭菌产生的特异性胶原酶都能液化明胶,目前已较少作为凝固剂。琼脂与明胶的比较见表2-2。硅胶不含有机物,是由无机的硅酸钠及硅酸钾被盐酸及硫酸中和时凝聚而成的胶体,它适合配制分离与培养自养型微生物的培养基;但硅胶培养基一旦凝固就不能再被融化,称为不可逆固体培养基。

表2-2 琼脂与明胶主要特征比较

凝固剂	常用浓度/%	熔点/℃	凝固点/℃	pH	灰分/%	氧化钙/%	氧化镁/%	氮/%	微生物利用能力
琼脂	1.5~2	96	40	微酸	16	1.15	0.77	0.4	绝大多数微生物不能利用
明胶	5~12	25	20	酸性	14~15	0	0	18.3	许多微生物能利用

除在液体培养基中加入凝固剂制备的固体培养基外,一些由天然固体基质制成的培养基也属于固体培养基,也称天然固体培养基。例如,由马铃薯块、胡萝卜条、小米、麸皮及米糠等制成固体状态的培养基就属于此类。

固体培养基常用来进行微生物的分离、鉴定、活菌计数及菌种保藏等。

2. 半固体培养基

在液体培养基中添加少量凝固剂而制成的硬度较低的培养基为半固体培养基,其中琼脂含量一般为0.2%~0.8%。半固体培养基常被分装于试管中,凝固成直立柱状,用来观察微生物的运动特征、分类鉴定、厌氧菌培养及菌种保藏等。

3. 液体培养基

不加凝固剂的培养基称为液体培养基。最初的液体培养基都是用天然材料熬制,比如牛肉、土豆等，所以液体培养基的名称后常冠以"肉汤"。这种培养基的成分均匀，微生物能充分接触和利用培养基中的营养物质。如致病菌检测中目的菌的增菌就是利用这个特点，使得致病菌充分恢复其活力和增加数量。同时，在用液体培养基培养微生物时，通过振荡或搅拌可以增加培养基的通气量，同时使营养物质分布均匀。实验室进行某些微生物生理生化的研究和检测时也常用到液体培养。

（三）按照功能划分

按照功能的不同，可以将培养基划分成基础培养基、加富培养基、鉴别培养基、选择培养基、鉴定培养基、增菌培养基等，有的培养基也可能兼具多种功能。

1. 基础培养基

基础培养基也称多用途培养基。它含有一般微生物生长繁殖所需的基本营养物质，能培养多种微生物，不含抑制性成分，是非选择性培养基。如牛肉膏蛋白胨培养基、营养肉汤、营养琼脂都是常用的基础培养基。

2. 加富培养基

加富培养基也称营养培养基，即在基础培养基中加入某些特殊营养物质制成的一类营养丰富的培养基。这些特殊营养物质包括血液、血清、动植物组织液等，它们一般用来培养异养型微生物。

从某种意义上讲，加富培养基类似选择培养基，两者区别在于加富培养基是用来增加所要分离的微生物的数量，使其形成生长优势，从而分离到该种微生物；选择培养基则一般是抑制不需要的微生物的生长，使所需要的微生物增殖，从而达到分离所需微生物的目的。

3. 鉴别培养基

鉴别培养基是能通过培养基上单菌落的外观特征（如颜色变化），鉴别出目的微生物的培养基，通常为固体培养基。鉴别培养基主要用于微生物的分离和初步筛选，以及分离和筛选产生某种代谢产物的微生物菌种。菌落的鉴别特征一般是菌落的形态、颜色、透明度、菌落周围是否有混浊或透明区域等。鉴别培养基所应用的原理主要有以下几种：

（1）培养基 pH 值的变化。培养基中含有某种特殊的碳源，微生物发酵该碳源后使菌落周围培养基的 pH 降低，从而使培养基中含有的指示剂发生颜色变化。

（2）生色基团的形成。培养基中含有某种特殊的底物，目标微生物能产生特异性的酶，代谢底物释放出生色基团，从而使菌落发生颜色变化。如金黄色葡萄球菌显色培养基就属于此类。

（3）发生生色反应。该类培养基中含有某种特殊化学物质，目的微生物在培养基中生长后能产生某种代谢产物，这种代谢产物可以与培养基中含有的特殊化学物质发生特定的化学反应，从而产生明显的特征性变化，根据这种特征性变化，可将目的微生物与其他微生物区分开来。如：亚硫酸铋培养基（BS）中含有硫酸亚铁，当沙门氏菌在培养基上生长产生 H_2S 时，两者反应，生成 FeS 沉淀，使菌落呈现棕色至黑色并有金属光泽。

（4）菌落周围培养基生成不透明区域。在该类培养基中，目的微生物利用培养基中的特定物质，生成的代谢产物在菌落周围形成不透明区域。这种培养基也可使目的微生物发生明显的颜色,提高其识别能力。如金黄色葡萄球菌分解 Baird-Parker 琼脂中的卵黄,在菌落周围出现不透明区域。

4.选择培养基

这种培养基主要是利用培养基中的特殊成分,创造只适于目的菌生长繁殖的环境,而使其他微生物不生长或微弱生长,从而达到筛选目的菌的目的。食品微生物检验中通常用于致病菌的分离。

选择方式有正选择和负选择两种。在培养基中加入某种特殊营养物质,使之成为培养基中主要或唯一的营养物,只有目的菌可以利用其生长,其他微生物不能获得生长繁殖的营养来源,从而使目的菌成为优势菌株。这种选择方式称为正选择。在培养基中添加某种化学物质,目的菌对其不敏感,而其他微生物受其抑制不能生长或生长微弱,从而使目的菌能获得更多的营养而处于优势,这种选择方式称为负选择。

5.鉴定培养基

在该类培养基上培养后通过菌株群体的表现,在培养基的变化上反映出待检微生物在某方面的特性,该种培养基能进行一项或多项微生物生理生化特性鉴定或菌体构造特征鉴定,因此,该类培养基常用于微生物纯培养的最终鉴定。如三糖铁琼脂用于鉴定菌种发酵葡萄糖、乳糖、蔗糖的能力,是否生成 H_2S,是否产气等。

6.增菌培养基

大多为液体培养基,能够给微生物的活力恢复和生长繁殖提供良好的环境,用于致病菌检测的第一步。有的增菌培养基是基础培养基,不具有选择性,如营养肉汤、缓冲蛋白胨水(BPW)等;有的是选择性培养基,如碱性蛋白胨水(APW)。

7.其他

培养基按用途划分还有运输培养基、保藏培养基、复苏培养基、分析培养基、还原性培养基、活体培养基等。如分析培养基常用来分析某些化学物质(如抗生素、维生素)的浓度,还可用来分析微生物的营养需求;活体培养基一般用于培养病毒、立克次氏体,主要有小白鼠、家鼠和豚鼠等。

(四)按照培养物的种类划分

按照培养微生物的种类来划分,可分为细菌培养基、放线菌培养基、酵母菌培养基和霉菌培养基等四类。常用的细菌培养基有营养肉汤和营养琼脂培养基;常用的放线菌培养基为高氏1号培养基;常用的酵母菌培养基有马铃薯蔗糖培养基和麦芽汁培养基;常用的霉菌培养基有孟加拉红培养基、马铃薯蔗糖培养基、豆芽汁葡萄糖(或蔗糖)琼脂培养基和察氏培养基等。

(五)按照制备方法分类

(1)商业化即用型培养基。以即用形式置于容器中(如平皿、试管)供应的培养基,可以直接用于使用。

(2)商品化不完全即用型脱水合成培养基。不立即使用,制成干粉形式(如:粉末、小颗粒、冻干等形式)的培养基。这类培养基溶于水后,很快就能制备成所需要的培养基,还可以在使用时添加一些其他成分(这些成分有的不稳定,所以使用时再进行添加)制备成两种类型的培养基。

四、培养基的制备

(一)自配制培养基的制备

一般情况下,如果没有相应的商品化培养基,我们需要根据实验要求自己配制培养基,要根据不同微生物的营养需求配制培养基。

1. 自配制培养基制备的基本步骤

计算→称重→加水溶解→调节 pH→(加指示剂)→过滤→分装→加塞→包扎→灭菌→鉴定→保存。

2. 操作要点

(1)计算、称量:按照培养基的配方,计算所配培养基需要原料的准确数量,称取各种物质。

(2)溶解:将称量好的各种物质根据要求先后放入定量的水中,在电炉上加热熔化,熔化时需不断搅拌。固体培养基需要最后加入琼脂,待完全熔化后,补足所失水分。

(3)调 pH 值:一般用 1 mol/L NaOH 或 1 mol/L HCl 调节培养基的 pH 值到所要求的范围。注意在调节培养基 pH 值时,需要等培养基稍微降低一些温度后进行。测定 pH 值的方法一般用 pH 试纸,需要时也可用 pH 计。

(4)加指示剂:对某些培养基,按要求加入一定量指示剂。这时也需要注意培养基温度不要太高。也可以将指示剂单独灭菌,再用前,按需要比例加入溶解后的培养基,摇匀备用。

(5)过滤:需要过滤的培养基,可用滤纸或 2~4 层的纱布过滤。固体培养基最好稍凉后趁热用纱布过滤。

(6)分装:将过滤后的培养基分装于容器内,注意各容器的分装量要求。三角烧瓶:不超过容量的 1/2,高度的 1/3。试管(如图 2-4):液体培养基、半固体培养基装试管容量的 1/4~1/3,斜面培养基约装试管容量的 1/5。

(7)加塞:用纱布包棉花做成的棉塞和硅胶塞。因为硅胶塞透气性较差,在灭菌的升温和降温过程中,试管内外压力会有差异,当管内压力大于管外压力时可能使塞子飞出或试管爆裂。所以为了之后的灭菌过程顺利,一般选用棉花塞。棉花塞透气,能保持内外压平衡,同时又能阻止细菌进入。棉塞制作方法参见图 2-5。

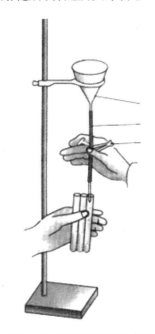

图 2-4 培养基分装示意图

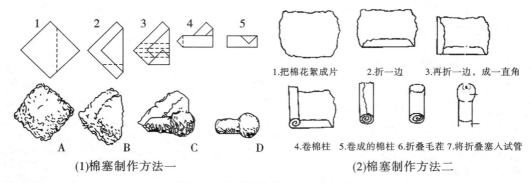

(1)棉塞制作方法一   (2)棉塞制作方法二

图 2-5　棉塞制作方法(两种方法)

　　培养基分装后,在试管口或烧瓶口塞上棉塞,如培养基在短期内使用,也可在试管口套上试管帽。加塞的作用:一是阻止外界微生物进入培养基内,防止由此引起的污染。二是保证培养时有良好的通气性能,因此棉塞的好坏对实验的结果有所影响。棉塞一般不宜用脱脂棉做,因为它易吸水变湿,造成污染,加塞时,棉塞总长的 2/3 在口内,1/3 在口外。正确状态判断参见图 2-5。

　　(8)包扎标记:加好塞后,将试管扎成捆,上面包一层牛皮纸,三角烧瓶加塞后则每瓶口包上一层牛皮纸,然后用绳扎好,这样可以防止灭菌时冷凝水的沾湿和灭菌后灰尘侵入,贴上标签,标明培养基名称、组号。

　　(9)灭菌:最常用的是高压蒸汽灭菌法,培养基灭菌时的温度和灭菌时间按照各种培养基的规定进行,以保证灭菌效果和不损坏培养基的必要成分。拿出后,按需要进行制作斜面、平板等。若需制成斜面,则试管应倾斜放置,冷却后即制成(参见图 2-6);做穿刺用的固体或半固体培养基,试管应直立放置;制作成平板的,每个培养皿倒入 15 ~ 20 mL,倒入后可以在平整的实验台面上顺时针或逆时针摇匀,摇匀时注意不要将里面的培养基溅出(参见图 2-7)。

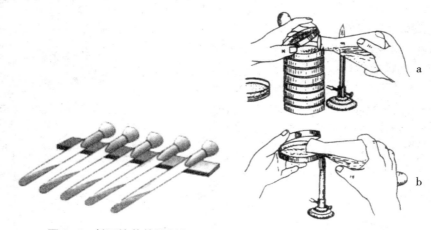

图 2-6　斜面培养基的制作　　图 2-7　将培养基倒入培养皿内

（10）鉴定：将消毒冷却后的培养基置于 37 ℃恒温箱内 24 h 后观察有无杂菌生长，若有杂菌生长则弃去不用，如无杂菌生长则接入微生物菌种，经培养后观察微生物生长发育情况，以便确定培养基是否符合实验要求。

（11）保存：经验定合格的培养基，一时用不完，应避免干燥、氧化、pH 值的改变和杂菌的污染，可存放于冰箱（4 ℃左右）内或阴凉处清洁的柜内，这样保存数星期仍然可用。

（二）脱水培养基的制备

在食品微生物检验中，通常不需要自己设计培养基配方，只需要严格按照方法中要求的培养基配方进行配制即可。目前，随着技术的发展，现在大部分培养基都有商品化即用型或商品化不完全即用型的脱水品种，一些比较难获得的或需要使用前添加的培养基成分也有配套剂量的独立包装进行售卖；有的培养基品种还被预制成培养基平板，方便使用。

1. 脱水培养基制备的基本步骤

计算称量→干粉的溶解→调 pH 值→灭菌（或过滤菌）→摆斜面、制作平板等。

2. 操作要点

（1）计算称量：按照需要进行计算称量，并且要注意查看培养基使用说明。在称量前，应检查培养基的外观，如果结块或变色就不应再使用。

（2）干粉的溶解：脱水培养基干粉的溶解程度和溶液的均匀性，对于最终培养基的质量和性能有决定作用。溶解时尽量少加热。

1）溶解过程：首先在准确称量的干粉中，加入所需蒸馏水体积的一半，彻底混合溶解干粉，然后缓慢加入余下体积的蒸馏水，同时容器壁上黏附的溶质也会被冲洗下来。如果需要可通过适当加热促进溶解。

2）溶解注意事项：①加热一定要温和（可配合磁力搅拌），防止局部过热。并注意不要出现暴沸。②沸腾的时间应尽可能短，培养基溶液达到完全溶解、混合均匀即可，1 min 通常就够了。③在煮沸之前，要注意适当进行搅拌，最好不要超过 5 min。④如果煮沸过长时间，不仅培养基颜色变深，有时培养基的性能还会产生不良变化。⑤不能将干粉加到水里后立即放到高压灭菌器中灭菌，这样会出现培养基分层、成分的分离、沉淀、颜色变深等，还有可能降低培养基的性能。

（3）调 pH 值：在调整培养基 pH 值时，应注意以下几种情况：

1）商品化培养基的配方经过专门设计，使其在高压蒸汽灭菌后的 pH 值在要求的范围之内，所以在配制前后都不用调整 pH 值。

2）对于需要过滤除菌的培养基，如果需要调节 pH 值，应在过滤前进行。

3）在灭菌前调整 pH 值时，要考虑到灭菌后 pH 值的变化。

4）加入调节试剂时应做到少量多次。有的培养基具有 pH 缓冲成分，在调整时 pH 值变化开始时缓慢，切忌心急，避免过度调节或反复酸碱调节，有可能破坏培养基中的有效成分。

（4）灭菌

1）培养基的湿热灭菌。高温高压湿热灭菌是培养基灭菌的常用方式。

需要注意的是"121 ℃高压灭菌 15 min"是指灭菌器中的内容物的温度达到 121 ℃后

维持 15 min,而不是仅仅将灭菌器的温度和时间设置在 121 ℃和 15 min。在这个温度,能产生 1.05 kg/cm²(0.1 MPa)的蒸汽压力,使得热力能穿透物质材料达到其内部。

一般培养基配制说明中推荐的灭菌时间,是假定所灭菌的培养基的体积为 1 L 或 1 L 以下。如果需灭菌培养基的体积增加,时间应延长,但是温度不应升高。温度是灭菌中非常重要的参数,应使用校准的温度计定期对温度进行监控,同时使用生物指示剂监测灭菌的效果。

为了达到良好的灭菌效果,盛装液体的试管或三角瓶的棉塞不要塞得太紧。试管放在试管架或合适的篮子中,直立放置。不能将灭菌器装得过满,应留有足够的孔隙,保证蒸汽能自由流动,均匀分布在各处。在压力和温度没有降到要求的数值以下时,不能打开灭菌器的盖子,否则培养基可能由于压力的骤降而从容器中喷溅出来。

过度灭菌的培养基可能出现以下问题:培养基碳化或变黑;出现非典型的沉淀;降低琼脂的凝结能力;改变正确的 pH 值;失去营养价值;失去选择性或鉴别性的能力。

2)培养基的过滤除菌。有些培养基成分是热敏性的,不能进行高温高热灭菌,就需要用过滤除菌。常用的过滤除菌是膜过滤。

细菌滤膜能保留较大的微生物,其孔径分级为 0.45 μm。滤膜孔径的级别,并不是以其真实孔径的大小来定义,而是依据其截留特定菌株代表的微生物大小的能力。如在不超过 0.2 MPa 的压力下,滤膜的每平方厘米表面有能力 100% 截留 10^7 个缺陷假单孢菌细胞,这种滤膜就定义为 0.22 μm 或 0.2 μm。

(5)摆斜面、制作平板等其余步骤与自配制培养基基本一致。

(三)注意事项

(1)在配制培养基前务必仔细阅读产品标签和说明书。

(2)根据培养基的使用要求来确定灭菌前分装或灭菌后分装。

(3)要按照培养基要求进行配制。有的培养基需要高压蒸汽灭菌;有的培养基不需要用高压蒸汽灭菌(如 HE 琼脂和 VRBA 琼脂,经煮沸后干粉彻底溶解并混匀即可使用,要求现用现配);有的培养基需要在使用前按要求加入添加剂,自制的添加剂溶液一般要求过滤除菌,并在琼脂培养基温度为 45～55 ℃时加入。

五、培养基的管理制度

(一)培养基资料整理和保存

培养基的资料应该完整,实验室收到培养基后,应检查培养基的名称和批号、接收日期、有效期、包装情况和完整性等,同时要注意保存相关资料。如储藏条件和有效期、质控证书、必要的安全和危害数据等。

(二)培养基的储存

应严格按照不同培养基的要求,如储存条件、有效期和使用方法等进行培养基的保存和使用。

1.脱水培养基的储存

脱水培养基,一般为脱水的粉状物或颗粒状,保存在密闭的容器中。用于菌株选择或鉴定的添加成分通常为冻干物或液体,基本都是独立包装。培养基的购买应有计划,即先购先用的原则。实验室应保存有效的培养基目录清单,清单可以包括详细的内容,如首次开封日期、内容物的感官检查、容器密闭性复查等。

对于新开封的培养基容器,可以通过粉末的流动性、均匀性、结块情况和色泽变化等判断脱水培养基的质量变化。任何受潮或物理形状发生明显改变的脱水培养基不应再使用。

2. 配制后培养基的储存

培养基灭菌后分装到平皿、试管或测试瓶中,不立即使用的培养基应避光、干燥保存。一般情况下,除特殊说明和标准规定外,基础培养基(如使用前添加成分的培养基)应放在 4 ℃冰箱中保存不超过 3 个月,以保证其成分不会改变,使用和进一步加热前,应事先将培养基放置到室温;不稳定的选择性物质和其他添加成分应即配即用;对发生化学反应或含有不稳定成分的固体培养基也应即配即用,不可二次融化。

观察任意培养基颜色变化,是否有蒸发/脱水,是否有微生物生长情况。当培养基发生这类变化时,应禁止使用。

3. 平板培养基的保存

如果是制作好的平板培养基,可将倒好的平板放在密封的袋子中冷藏保存可延长储存期限。为了避免产生冷凝水,平板应冷却后再装入袋中。储存前不要对琼脂培养基表面进行干燥处理。同时可在平板底部或者袋子上贴标签做好标记,标记的内容包括:制备日期、有效期和培养基名称。

在保存过程中,培养基会损失水分,当水分损失的量大于培养基总量 15% 时,就会影响微生物的生长。大部分培养基,特别是含有染料或指示剂的培养基,应在避光的环境中存放。

(三)保存环境条件控制

各种未经配制的培养基按其储存条件保存,配制的培养基均应在洁净的普通冰箱内 2 ~ 8 ℃保存,以 5 ℃左右为宜,不得冻结。否则,常因理化性质改变而不能再用。

(1)基础营养培养基应在 2 周内用完。

(2)生化鉴别培养基应在 1 周内用完。

(3)选择性分离鉴别培养基制成平板后当日用完。

(4)未经配制的培养基保存至有效期。

(四)注意事项

(1)配制培养基不得用铁制或铜制容器,以免影响细菌的生长繁殖。

(2)灭菌次数不应超过 1 次,否则易变质变色,影响细菌发育。

(3)所使用的试剂必须是专用生物试剂。

(4)凡 pH 值在 4 以下或 9 以上者,高压蒸汽灭菌时间若较长时,易损坏培养基的营养成分。

(5)储存培养基的冰箱内不得存放食品、饮料等无关物品。

(6)培养基管理员应按两日一次检查培养基的外观,如失水、沉淀、过期、棉花塞松弛或脱落等异常情况。发现问题及时处理。

（7）使用过的培养基废弃前须经高压灭菌（121 ℃ ,30 min）。

（8）培养基（包括内毒素检测试剂）应有购入及使用记录。

任务三　无菌技术

一、无菌的概念及原则

（一）概念

无菌是生物技术中的一个重要概念,是指在环境中一切有生命活动的微生物的营养细胞及其芽孢或孢子都不存在。只有在培养基、发酵设备等处于无菌的前提下,微生物接种后,才能实现纯种培养,最终得到所需的产品。无菌,指没有活菌的意思。防止微生物进入机体或物体的方法,称为无菌操作或无菌技术。进行微生物学实验、外科手术、换药、注射时,均需严格遵守无菌操作规定。

（二）无菌操作的原则

1.操作前准备

（1）操作环境应清洁、宽敞、定期消毒;物品布局合理;无菌操作前半小时应停止清扫工作、减少走动、避免尘土飞扬。

（2）工作人员应做好个人准备,戴好帽子、口罩,修剪指甲并洗手,必要时穿无菌衣、戴无菌手套。

2.操作中保持无菌

（1）工作人员应面向无菌区,手臂应保持在腰部或操作台台面以上,不可跨越无菌区避免面对无菌区谈笑、咳嗽、打喷嚏。

（2）用无菌持物镊取用物品;无菌物品一经取出,即使未用,也不可放回无菌容器内。

（3）无菌操作中,无菌物品疑有污染或已被污染,应予更换并重新灭菌。

（三）无菌物品保管

（1）无菌物品必须与非无菌物品分开放置。

（2）无菌物品不可暴露于空气中,应存放于无菌包或无菌容器中,无菌包外须标明物品名称、灭菌日期,并按失效期先后顺序排放。

（3）定期检查无菌物品的灭菌日期及保存情况。

二、无菌操作技术

（一）干热灭菌

干热灭菌是指在干燥环境（如火焰或干热空气）进行灭菌的技术,包括干热空气灭菌和火焰灼烧灭菌等。干热灭菌适用于干燥粉末、凡士林、油脂的灭菌,也适用于玻璃器皿（如试管、平皿、吸管、注射器）和金属器具（如测定效价的钢管、针头、镊子、剪刀等）的灭菌。

1．火焰灼烧灭菌

火焰灼烧灭菌是指用火焰直接烧灼的灭菌方法。该方法灭菌迅速、可靠、简便，适合于耐火焰用具（如金属、玻璃及瓷器等）的灭菌。

2．干热空气灭菌

干热空气灭菌是指用高温干热空气灭菌的方法。该法适用于耐高温的玻璃和金属制品以及不允许湿热气体穿透的油脂（如油性软膏机制、注射用油等）和耐高温的粉末化学药品的灭菌，不适合橡胶、塑料及大部分试剂的灭菌。在微生物实验室中经常使用干燥箱进行干热空气灭菌。

干燥箱是干热灭菌的常用仪器，它主要用于玻璃仪器灭菌，也可用于洗净的玻璃仪器烤干，适用于耐高温的玻璃制品、金属制品、保藏菌种用的沙土、石蜡油、碳酸钙等物品的灭菌。干热灭菌需要高温（160～180 ℃）持续 1～2 h。热空气在密闭的空间内通过对流、传导和辐射作用进行循环。其构造与传统的培养箱基本相同，只是底层下的电热量大。一般小型的干燥箱采用自然对流式传热。这种形式是利用热空气轻于冷空气形成自然循环对流的作用来进行传热和换气，达到箱内温度比较均匀并将样品蒸发出来的水汽排出去的目的。对于大型的干燥箱，如果完全依靠自然对流传热和排气就达不到应有的效果，一般安装有电动机带动电扇进行鼓风，达到传热均匀和快速排气的目的，我们一般称之为"电热鼓风干燥箱"（见图 2-8）。

图 2-8　电热鼓风干燥箱　　　　　　干燥箱

（二）湿热灭菌

湿热灭菌是指用饱和水蒸气、沸水或流通蒸汽进行灭菌的方法，以高温高压水蒸气为介质，由于蒸汽潜热大，穿透力强，容易使蛋白质变性或凝固，最终导致微生物的死亡，所以该法的灭菌效率比干热灭菌法高，是药物制剂生产过程中最常用的灭菌方法。湿热灭菌法可分为：煮沸灭菌法、巴氏灭菌法、高压蒸汽灭菌法和间歇蒸汽灭菌法。

1．煮沸灭菌法

利用煮沸 100 ℃ 经一定时间可杀死部分细菌。一般以煮沸 10 min 为宜。用于一般外科器械、胶管和注射器等的消毒。

2．巴氏灭菌法

巴氏灭菌法，亦称低温消毒法，是一种利用较低的温度既可杀死病菌又能保持物品中营养物质风味不变的灭菌方法,巴氏灭菌程序可分为低温长时间(LTLT)处理和高温短时间(HTST)处理,如今被广泛应用于饮用牛奶的生产。国际上通用的巴氏高温灭菌法主要有两种:

一种是将牛奶加热到 62~65 ℃,保持 30 min。采用这一方法,可杀死牛奶中各种生长型致病菌,灭菌效率可达 97.3%~99.9%,经灭菌后残留的只是部分嗜热菌及耐热性菌以及芽孢等,但这些细菌多数是乳酸菌,乳酸菌不但对人无害反而有益健康。

第二种方法将牛奶加热到 75~90 ℃,保温 15~16 s,其杀菌时间更短,工作效率更高。但杀菌的基本原则是,能将病原菌杀死即可,温度太高反而会有较多的营养损失。

3. 高压蒸汽灭菌法

高温加高压灭菌,不仅可杀死一般的细菌、真菌等微生物,对芽孢、孢子也有杀灭效果,是最可靠、应用最普遍的物理灭菌法。在微生物实验室中经常使用高压蒸汽灭菌锅进行高压蒸汽灭菌。可用于培养基、生理盐水、废弃的培养物以及耐高热药品、纱布、玻璃等灭菌。其种类有手提式、直立式、横卧式等(如图 2-9),它们的构造及灭菌原理基本相同。

(a)手提式高压蒸汽灭菌锅　　　(b)立式高压蒸汽灭菌锅　　　(c)卧式高压蒸汽灭菌锅

图 2-9　不同类型的高压蒸汽灭菌锅

(1)一般构造:高压蒸汽灭菌锅为一双层金属圆筒,两层之间盛水,外壁坚厚,上方或前方有金属厚盖,盖上装有螺旋,借以紧闭盖门,使蒸汽不能外溢,因而锅内蒸汽压力可升高,其温度也相应增高。高压蒸汽灭菌锅上还装有排气阀、安全阀,用来调节灭菌锅内蒸汽压力与温度,并保障安全;高压蒸汽灭菌锅上还装有温度压力表,指示内部的温度与压力。

(2)操作方法

1)手提式与直立式高压蒸汽灭菌锅使用前,先打开灭菌锅盖,向锅内加水到水位线。立式灭菌锅最好用已煮开过的水或蒸馏水,以便减少水垢在锅内的积存。水要加够,防止灭菌过程中干锅。

2)将待灭菌的物品放入锅内,一般不能放得太多、太挤,包裹亦不要过大,以免影响蒸汽的流通,降低灭菌效果。然后将锅盖盖上并将螺旋对角式均匀拧紧,勿使漏气。

3)打开排气阀,加热,当有大量蒸汽排出时,维持 2~5 min,使锅内冷空气完全排净。关紧排气阀门,则温度随蒸汽压力向上升;否则,压力表上所示压力并非全部是蒸汽压,灭菌将不完全。待锅内蒸汽压力上升至所需压力和规定温度(一般为 115 ℃ 或 121 ℃)时控制热源,维持压力、温度,开始计时,持续 15 ~ 20 min,即可达到完全灭菌的目的。

4)传统手提式高压蒸汽灭菌锅有时需要手工断电–再通电,控制压力稳定,或手动放气(短时间,防止气压剧烈变化)。

5)灭菌完毕,不可立即开盖取物,需关闭电源或蒸汽来源,并待其压力自然下降至零时,方可开盖,否则容易发生危险。亦不可突然开大排气阀进行排气减压,以免因锅内压力骤然下降使瓶内液体沸腾,冲出瓶外。

6)灭菌结束,打开水阀门排尽锅内剩水。

7)高压蒸汽灭菌锅开盖取物,须关闭电源。

(3)注意事项

1)在灭菌过程中,应注意排净锅内冷空气,锅内冷空气如排放不净,压力表上所显示的压力为热蒸汽和冷空气的混合压力,致使表压虽达到规定值,但温度相差很大,影响灭菌效果,达不到彻底灭菌的目的。

2)布类物品应放在金属类物品上,否则蒸汽遇冷凝聚成水珠,使包布受潮,阻碍蒸汽进入包裹中央,严重影响灭菌效果。

3)高压蒸汽灭菌器不允许同时用于培养基灭菌和细菌培养废弃物的灭菌。

4)待灭菌物品摆放不能过挤,以便蒸汽流动畅通。

5)灭菌完毕后,不得立即开盖取物。应待压力自然降至零时,方可开盖,不得突然开大气门排气或减压,以防容器内的液体冲出瓶外。

6)定期检查灭菌效果。经高压蒸汽灭菌的无菌包、无菌容器有效期以 1 周为宜。

7)每周检查清洗高压灭菌器的排气滤阀、密封阀等,检查是否存在泄漏和不正常的噪声等情况。

灭菌效果监测

4.间歇蒸汽灭菌法

各种微生物的营养体在 100 ℃ 温度下半小时即可被杀死。而其芽孢和孢子在这种条件下却不会失去活力。间歇灭菌就是根据这一原理进行的。

例如:连续 3 天,每天进行一次蒸气灭菌的方法。此法适用于不能耐 100 ℃ 以上温度的物质和一些糖类或蛋白质类物质。一般是在正常大气压下用蒸汽灭菌 1 h。灭菌温度不超过 100 ℃,不致造成糖类等物质的破坏,而可将间歇培养期间萌发的孢子杀死,从而达到彻底灭菌的目的。也可以利用 80 ~ 100 ℃ 水或流通水蒸气,24 h 为一周期,每隔 30 ~ 60 min 反复加热 3 ~ 5 次。用 60 ~ 80 ℃ 的水反复加温也是一种间歇式低温灭菌方法。

(三)其他灭菌技术

除干热灭菌和湿热灭菌外,常用的灭菌方法还有化学试剂灭菌、辐射灭菌、渗透压灭菌和过滤除菌等。可根据不同的需求,采用不同的方法,如无菌室日常灭菌采用化学试剂灭菌和辐射灭菌,空气则采用过滤除菌。

1. 化学试剂灭菌

大多数化学药剂在低浓度下起抑菌作用,高浓度下起杀菌作用。常用 5% 苯酚、70% 乙醇和乙二醇等。化学灭菌剂必须有挥发性,以便清除灭菌后材料上残余的药物。化学灭菌常用的试剂有表面消毒剂、抗代谢药物(磺胺类等)、抗生素等。

2. 辐射灭菌

(1)放射线灭菌法,包括放射性同位素在内的,利用从放射源产生 γ 射线进行照射,是杀灭微生物的一种方法。放射线灭菌法主要用于玻璃制品、磁制品、金属制品、橡胶制品、塑料制品与纤维制品等耐受放射线照射的物品的灭菌。通常使用的放射源有 ^{60}Co 等,根据进行灭菌物品的材质、性状和污染状况等,对照射的总量进行调节,以达到灭菌的目的。

(2)紫外线灭菌法,是利用照射紫外线杀灭微生物的一种方法。紫外线灭菌法主要用于玻璃制品、金属制品、橡胶制品、塑料制品和纤维制品等,还可用于设施、设备、水或医药品等,这些物品应对紫外线有良好的耐受性,通常用波长为 200~300 nm 的紫外线。

3. 渗透压灭菌

渗透压灭菌是利用高渗透压溶液进行灭菌的方法。在高浓度的食盐或糖溶液中细胞因脱水而发生质壁分离,不能进行正常的新陈代谢,结果导致微生物的死亡。

4. 过滤灭菌

过滤灭菌法,即用筛除或滤材吸附等物理方式除去微生物,是一种常用的灭菌方法。对不耐热液体,过滤是唯一实用的灭菌方法。滤器可分为深层型和过筛型两大类。深层滤器主要靠滤材的深度,通过机械性捕获或随机吸附进行过滤,多数滤材属此类型。过筛型滤器以物理过筛法将液体或气体进行过滤。

有些需要灭菌的材料不能受热,例如许多维生素溶液。因此,许多液体可以用过滤法来灭菌。过滤法不是将微生物杀死,而是把它们排除出去。过滤除菌采用两类器具,一类叫深层滤器,例如用烧结玻璃、不上釉的陶瓷颗粒或石棉压成的滤板等;另一类是滤膜。深层滤器已经使用了 100 年以上,有逐渐被滤膜取代的趋势,但因为大量沉淀物容易堵塞滤膜,所以一般先用深层滤器除去大的颗粒。

滤膜一般由醋酸纤维素、硝酸纤维素、多聚碳酸酯、聚偏氟乙烯等合成纤维材料制成。滤膜的孔径一般为 0.2 μm,它可以滤除绝大多数微生物的营养细胞。过滤法的最大缺点是不能滤除病毒。

过滤灭菌法主要用于气体、水、含有可溶性、不稳定物质的培养基、试验液体和液状医药品等。通常使用的过滤装置有膜过滤器,磁制过滤器、玻璃纤维过滤器等。

三、超净工作台

超净工作台是箱式微生物无菌操作工作台,它能在局部营造出高洁净度的环境(图 2-10)。其工作原理是借助箱内鼓风机将外界空气强行通过一组过滤器,净化的无菌空气连续不断地进入操作台面,可以排除工作区原来的空气,将尘埃颗粒和生物颗粒带走,并且台内设有紫外线杀菌灯,可对环境进行杀菌,保证了超净工作台面的正压无菌状态。超净空气的流速为 24~30 m/min,这已足够防止附近空气可能袭扰而引起的污染,这样的流速也不会妨碍采用酒精灯或对器械等的灼烧消毒。工作人员就在这样的无菌条件下操作,保持无菌材料在转移接种过程中不受污染。

图 2–10 不同类型的超净工作台

1. 一般类型

按气流流向分为:垂直流超净工作台和水平流超净工作台;按操作人数分为:单人工作台和双人工作台;按结构分为:常规型和新型推拉以及自循环型(仅限垂直流)工作台。

按层流方向分为:垂直流的超净工作台(采用垂直单向流的气流形式,由离心风机将负压箱内经过初效空气过滤后的空气压入静压箱,再经高效空气过滤器进行二级过滤。从高效空气过滤器出风面吹出的洁净气流,以均匀恒定的断面风速通过工作区时,将尘埃颗粒和生物颗粒带走,从而形成无尘无菌的工作环境。一般多见的是垂直流的超净工作台)和水平流的超净工作台(即空气是水平流过工作区域的)。

2. 操作方法

(1)使用前首先检查电源电压是否与超净工作台要求相符。电源通电后检查风机转向是否正确。

(2)用白纱布将台面擦拭干净。

(3)使用前 30 min 打开紫外线杀菌灯,对工作区域进行照射,把细菌病毒杀死。

(4)使用前 10 min 将风机启动,至少让风机运行 5 min。

(5)操作开始前,把紫外灯关闭,然后打开照明灯。

(6)操作前,可用 75% 酒精擦拭工作台表面。

(7)操作完毕整理操作台上物品,然后再次用白纱布或者 75% 酒精将工作台表面擦干净。重新开启紫外灯照射 15 min。

(8)最后停止风机运行,把防尘帘放下。

3. 注意事项

(1)超净工作台应安装在远离震动和噪音大的地方。

(2)由于超净工作台没有操作者人身保护,因此不能进行致病菌和可能对人体造成危害的微生物制剂的操作。操作者必须牢记气流走向,以防不安全因素。

（3）尽可能减少他人在柜前的活动,因为这会影响层流的风速和平衡。

（4）操作区为层流区,物品的放置不要太多,否则会妨碍气流正常流动。

（5）工作人员操作时也要尽量避免能引起扰乱气流的动作,以免造成直接经济损失或人身污染。

（6）操作者应穿着洁净工作服、工作鞋,戴好口罩。

（7）当超净工作台使用一段时间后,应做性能检测,当气流速度降低时,应取出预过滤器,将泡沫塑料拆下,用肥皂水或10%碱液洗净,晾干后装入框体内。安装时,应先在边框上均匀涂刷胶黏剂。如经过处理后,气流速度仍不增加时,应更换高效过滤器。

（8）使用过程中如发现问题应立即切断电源,报修理人员检查修理。

（9）每3~6个月用仪器检查超净工作台性能有无变化,测试整机风速,应对过滤器逐级进行清洗除尘。

四、无菌室

微生物的环境污染是影响食品微生物检验的重要因素,微生物检验室的检测过程设施的严格管理是确保食品安全检测的重要保障。无菌室是微生物检验室的核心之一,检验人员对于无菌室的结构、管理、使用要求及注意事项等要十分熟悉。

（一）无菌室的结构

无菌室通常包括缓冲间和工作间两大部分。无菌室的面积和容积不宜过大,以适宜操作为准,一般为4~5 m²。缓冲间与工作间的比例可为1:2,高度2.5 m左右为宜。工作间内设有固定的工作台、紫外线灯、空气过滤装置及通风装置;应有空调设备、空气净化装置,以便在进行操作时切实达到无尘无菌。工作间的内门与缓冲间的门尽量迂回,避免直接相通,以减少无菌室内的空气对流,保持工作间的无菌条件。窗户应装有两层玻璃以防外界的微生物进入。

（二）无菌室的要求

（1）无菌室内墙壁应光滑,尽量避免死角,便于洗刷消毒。

（2）应保持密封、防尘、清洁、干燥。操作时尽量避免走动。

（3）室内设备简单,禁止放置杂物。

（4）工作台、地面和墙壁应用新洁尔灭或过氧乙酸溶液擦洗消毒。

（5）无菌室内应备有专用开瓶器、金属勺、镊子、剪刀、接种针、接种环,每次使用前、后应在酒精灯火焰上烧灼灭菌。

（6）杀菌前做好一切准备工作,然后用紫外线杀菌灯进行空气消毒。开灯照射30 min后方可进入室内工作。

（7）无菌室内应备有盛放3%福尔马林或5%苯酚(石炭酸)溶液的玻璃缸,内浸纱布数块;备有75%酒精棉球,用于样品表面消毒及意外污染消毒;无菌室每次使用前后,用紫外线灯照射。

（8）根据无菌室的净化情况和空气中含有的杂菌种类,可采用不同的化学消毒剂。如果霉菌较多,先用5%苯酚(石炭酸)全面喷洒室内,再用甲醛熏蒸;如果细菌较多,可采用甲醛与乳酸交替熏蒸。也可酌情用甲醛（2 mL/m³）溶液或丙二醇溶液（20 mL/m³）间隔一定时间熏蒸消毒。

（三）无菌室的消毒

除了常用的紫外灯消毒外，还要进行熏蒸消毒，主要采取甲醛熏蒸消毒法。

1. 加热熏蒸

按熏蒸空间计算量取甲醛溶液，盛在小铁筒内，用铁架支好，在酒精灯内注入适量酒精，将室内各种物品准备妥当后，点燃酒精，关闭门窗，任甲醛溶液煮沸挥发。酒精灯内酒精的量最好能在甲醛溶液蒸发完后即自行熄灭。

2. 氧化熏蒸

取甲醛用量一半的高锰酸钾，倒入事先准备好的瓷碗或玻璃容器内，另外量取定量的甲醛溶液，室内准备妥当后，把甲醛溶液倒在盛有高锰酸钾的器皿内，立即关门。几秒钟后，甲醛溶液即沸腾而挥发。高锰酸钾是一种强氧化剂，当它与一部分甲醛溶液作用时，由氧化作用产生的热可使其余的甲醛溶液挥发为气体。熏蒸后关门密闭应保持 12 ~ 24 h 以上。

需要注意的是：甲醛溶液熏蒸对人的眼、鼻有强烈刺激，在一定时间内不能入室工作。为减轻甲醛对人的刺激作用，熏蒸后 12 h，再量取与甲醛溶液等量的氨水，迅速放入室内，同时敞开门窗放出剩余的有刺激性的气体。

检查熏蒸效果时，可在熏蒸消毒前后，于室内不同地方放置数个灭菌的营养琼脂培养基平板，每皿约 15 mL 培养基。打开皿盖 15 min，然后盖上。倒置 37 ℃培养 24 h，每皿出现少于 4 个菌落表明消毒效果较好。如果每一个培养皿内菌落不超过 4 个，则可以认为无菌程度良好，若菌落数很多，则应再重复以上步骤，进一步对无菌室进行灭菌。

（四）无菌室的管理要求

食品微生物实验室的无菌间应制定质量管理标准，并设专人负责无菌间的定期环境监测工作。无菌室的管理可遵循以下的原则：

（1）操作人员进入无菌室前，应先关掉紫外灯。

（2）人员进入无菌间要着无菌衣、帽、口罩和专用鞋，非工作人员不得随意进入。

（3）无菌室内配备空气净化消毒器或紫外灯进行空气消毒。应定期用适宜的消毒液灭菌清洁，以保证无菌室的洁净度符合要求。

（4）无菌室应保持清洁，严禁堆放杂物，以防污染。每日进行小扫除，每周进行大扫除。需要带入无菌室使用的仪器、器械、平皿等一切物品，均应包扎严密，并经过适宜的方法灭菌。

（5）操作完毕，应及时清理无菌室，再用紫外灯辐照灭菌 30 min。

无菌室应定期检查菌落数。在做实验的同时，取无菌培养皿若干，无菌操作分别注入融化并冷却至约 45 ℃的营养琼脂培养基或平板计数琼脂约 15 mL，凝固后分别放置工作位置的四角、中间和门边等处，开盖暴露 15 min，然后倒置于（36±1）℃培养（48±2）h，取出检查。100 级洁净区平板杂菌数平均不得超过 1 个菌落，10000 级洁净室平均不得超过 3 个菌落。如超过限度，应对无菌室进行彻底消毒，直至合乎要求为止。

五、洁净室

传统的食品微生物无菌室由于室内空气不流通,工作环境差,不但对实验人员的身体有不良影响,而且也影响检测结果。同时无菌室内直接安装空调,由于没有过滤除菌设施及室内气流因空调出风风向的扰乱,反而增加了污染的机会,不符合控制污染的要求。因此,许多有条件的正规检验检疫部门倾向于建造食品微生物检验的净化实验室(洁净室),这也是食品微生物无菌室发展的必然趋势。

(一)洁净室的结构

洁净室的平面布局应按照清污分流的原则,人、物分开,避免交叉污染。一般人流通道为一缓、二缓(更衣)和三缓(风淋)等三个缓冲间(见图2-11)。物流通道为传递窗。传递窗的两道门要有连锁装置。洁净室的隔断和吊顶可采用彩钢夹芯板,地面采用环氧树脂自流平或其他无接缝、耐酸碱材料。洁净室内的所有夹角都设计成圆弧形,以便于清洁。洁净室的净化采用层流净化系统,保证室内的温度、湿度、新风补充和洁净度要求。

图2-11　洁净室风淋缓冲间

一般食品微生物实验室的洁净室面积都不太大,如果没有中央空调,也可采用柜式空调控制室内温度,但不能将柜机直接安装在实验室内,因为柜机吹出的风会改变洁净室的气流流向、扰乱气流组织,影响洁净度。可以将柜机安装在机房内,将空调风与其他新风,一起由送风机通过空气过滤器输送到洁净室。常规的洁净实验室可以循环使用部分回风,这样可以降低空调负荷、节约能源。具有生物安全要求的洁净实验室不重复使用回风,应是全新风,排风经过滤后由风机排放至室外。洁净室和外部应有适当的通信系统(如传声器、网络、电话等)。

(二)洁净室的管理要求

1. 洁净室管理原则

为了保持洁净室内的清洁性和安全性,必须建立一套科学有效的管理规定。在制定管理规定时,必须按洁净室的特点、具体的构造、空气洁净度等级要求、生产工艺要求以及配置的系统、设备等情况进行确定。但主要宗旨是防止洁净室内尘粒的产生滞留、环境不洁等影响检验结果。通用的洁净室管理原则如下:

(1)进入洁净室的管理,包括对洁净室工作人员进入、物料进入、仪器设备的搬入以及相关的设备、管线的维护管理,应做到不得将微粒带入洁净室。

(2)操作技术管理,包括洁净室内人员洁净工作服的制作、穿着和清洗;操作人员的移动和动作;室内设备及装修材料的选择和清扫。尽可能地减少、防止洁净室内尘粒产生、滞留等。

(3)严格各类设备、设施的维护管理,制定相关的操作规程,保证各类设备、设施按要求正常运转,包括净化室空调系统、各类电气系统和器具等以确保空气洁净度等级。

（4）对洁净室内的各类设备、设施的清扫程序、清扫周期和检查作明确的规定,防止并消除洁净室内尘粒的产生、滞留。

2.洁净室的卫生管理

（1）洗手和消毒:作业人员进入洁净室前均需洗手。

（2）注意事项:

1）每天冲澡、换衣,经常洗头,保持身体清洁;

2）经常洗手、剪指甲;

3）不接触易使手皮肤干裂、剥脱的粉类或溶剂;

4）在洁净室内动作要轻;

5）在洁净室内不要拖足行走,不要振臂、转动,不做不必要的动作和走动;

6）在洁净室内按要求戴手套、口罩,不要露出手腕。戴上手套后,不要触及不洁净的东西。手套要经常更换。

7）不允许将与实验无关和容易产尘的物品带入洁净室。

8）严禁在洁净室内吸烟、饮食。

3.洁净室的清扫和灭菌

（1）洁净室的清扫。一般洁净室的清扫在实验操作结束后进行,若有必要在实验前清扫,则必须在净化空调系统开机运行时间达到自净要求后方可开始进行检测工作。为了防止交叉污染,清扫洁净室内设施的工具最好专室专用。

（2）洁净室的灭菌。传统的灭菌方法有紫外线灭菌、药剂灭菌和熏蒸灭菌等。近年来,臭氧灭菌得到日益广泛的应用。臭氧灭菌方法现已在一些生物洁净室用于管道和容器的消毒灭菌,通过净化空调系统对洁净室灭菌,物品的表面消毒和水的消毒灭菌等。对洁净室应每月检查其清洁程度,包括固定设施、设备和空气的清洁度。

任务四　微生物的计数

微生物的计数法通常用来测定样品中所含细菌、孢子、酵母菌等单细胞微生物的数量。计数法又分为直接计数和间接计数两类。

一、直接计数法

直接计数法是利用特定的细菌计数板或血球计数板,在显微镜下计算一定容积里样品中微生物的数量。此法较为简便、快速、直观,但不能区分死菌与活菌。

血球计数板是一块特制的载玻片,其上由 4 条槽构成 3 个平台;中间较宽的平台又被一短槽隔成两半,每一边的平台上各自刻有一个方格网,每个方格网共分为 9 个大格,中间的大方格即为计数室。血球计数板构造见图 2-12。计数室的刻度一般有两种规格,一种是一个大方格分成 25 个中方格,而每个中方格又分成 16 个小方格（25×16）;另一种是一个大方格分成 16 个中方格,而每个中方格又分成 25 个小方格（16×25）,但无论是哪一种规格的计数板,每一个大方格中的小方格都是 400 个。每一个大方格边长为 1 mm,则每一个大方格的面积为 1 mm²,盖上盖玻片后,盖玻片与载玻片之间的高度为 0.1 mm,

所以计数室的容积为 0.1 mm³。

　　以(25×16)的血球计数板为例,计数时,通常计数最中央及四个角的中方格的总菌数,然后求得每个小方格的平均数,再乘上400,就得出一个大方格中的总菌数,然后再换算成 1 mL 菌液中的总菌数。

$$每毫升菌体细胞数(个/mL)=\frac{80\ 小格内菌体细胞总数}{80}\times400\times10^4\times稀释倍数$$

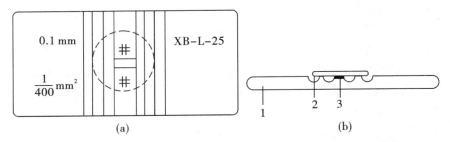

图 2-12   血球计数板构造示意图

1-血球计数板;2-盖玻片;3-计数室

细菌的直接涂片计数法

酵母菌的血球计数法

二、间接计数法

(一)光电比浊计数法

　　当光线通过微生物菌悬液时,由于菌体的散射及吸收作用使光线的透过量降低。在一定的范围内,微生物细胞浓度与透光度成反比,与光密度成正比,而光密度或透光度可以由光电池精确测出(图 2-13)。因此,可用一系列已知菌数的菌悬液测定光密度,作出光密度-菌数标准曲线。然后,以样品液所测得的光密度,从标准曲线中查出对应的菌数。制作标准曲线时,菌体计数可采用血球计数板计数,平板菌落计数或细胞干重测定等方法。

光电比浊计数法

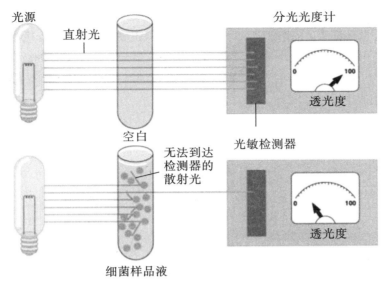

图 2-13　光电比浊法原理示意图

　　光电比浊计数法的优点是简便、迅速,可以连续测定,适合于自动控制。但是,由于光密度或透光度除了受菌体浓度影响之外,还受细胞大小、形态、培养液成分以及所采用的光波长等因素的影响。因此,对于不同微生物的菌悬液进行光电比浊计数应采用相同的菌株和培养条件制作标准曲线。光波的选择通常是波长在 400 ~ 700 nm,具体到某种微生物采用多少还需要经过最大吸收波长以及稳定性试验来确定。另外,对于颜色太深的样品或在样品中还含有其他干扰物质的悬液不适合用此法进行测定。

　　(二)平板菌落计数法

　　平板菌落计数法是将待测样品经适当稀释之后,其中的微生物充分分散成单个细胞,取一定量的稀释样液接种到平板上,经过培养,由每个单细胞生长繁殖而形成肉眼可见的菌落,即一个单菌落应代表原样品中的一个单细胞。统计菌落数,根据其稀释倍数和取样接种量即可换算出样品中的含菌数。但是,由于待测样品往往不易完全分散成单个细胞,所以,长成的一个单菌落也可来自样品中的 2 ~ 3 个或更多个细胞。因此平板菌落计数的结果往往偏低。为

平板菌落计数计

了清楚地阐述平板菌落计数的结果,现在已倾向使用菌落形成单位(cfu)而不以绝对菌落数来表示样品的活菌含量。

　　平板菌落计数法虽然操作较烦琐,结果需要培养一段时间才能取得,而且测定结果易受多种因素的影响,由于该计数方法的最大优点是可以获得活菌的信息,所以被广泛用于生物制品检验(如活菌制剂),以及食品、饮料和水(包括水源水)等的含菌指数或污染程度的检测。

　　(三)重量法

　　重量法的原理是根据每个细胞有一定的重量而设计的。它可以用于单细胞、多细胞

以及丝状体微生物生长的测定。将一定体积的样品通过离心或过滤将菌体分离出来,经洗涤,再离心后直接称重,求出湿重,如果是丝状体微生物,过滤后用滤纸吸去菌丝之间的自由水,再称重求出湿重。不论是细菌样品还是丝状菌样品,可以将它们放在已知重量的平皿或烧杯内,于105 ℃烘干至恒重,取出放入干燥器内冷却,再称量,求出微生物干重。

如果要测定固体培养基上生长的放线菌或丝状真菌,可先加热至50 ℃,使琼脂熔化,过滤得菌丝体,再用50 ℃的生理盐水洗涤菌丝,然后按上述方法求出菌丝体的湿重或干重。

任务五 微生物常用染色方法

实验室中可以使用电子显微镜及相差显微镜直接观察到微生物的各种形态结构,但是相差显微镜观察有其局限性,且电子显微镜价格高昂,设备条件要求高,操作也较复杂。一般实验室常用的是普通光学显微镜。由于细菌体积小且透明,在活体细胞内含有大量的水分,因而对光线的吸收和反射与水溶液相差不大。当把细菌悬浮在水滴内,放在显微镜下观察时,由于与周围背景没有显著的明暗差,难以观察细菌的形态及空间排列,更谈不上识别其细微结构。而经过染色剂染色,就可借助颜色的反衬作用比较清楚地看到菌体形态,亦即菌体表面及内部结构着色与背景形成鲜明对比,这样便可在普通光学显微镜下清晰地观察到微生物的形状和结构,微生物染色技术是观察微生物形态结构的重要手段。细菌染色法包括死菌及活菌染色。其中以死菌染色法为主,包括负染色法(如荚膜染色法)及正染色法(革兰氏染色法、芽孢染色法、抗酸染色法及姬姆萨染色法等)。

一、细菌的简单染色

1.原理

细菌是一类细胞,细短(直径约0.5 μm,长度0.5~5 μm)、结构简单,胞壁坚韧,多以二分裂方式繁殖。一般用放大1000倍以上的显微镜才能看到其形状。细菌形体微小,无色且透明,折射率低,在普通光学显微镜下不易识别观察,故必须借助染色法,使其折射率增大而与载玻片背景形成明显色差,而经过光学显微镜放大作用,即可清晰观察其形态及结构。

简单染色是利用单一染料对细菌进行染色的一种方法。此法操作简便,适于菌体一般形状和细菌排列的观察。常用碱性染料进行简单染色,这是因为在中性、碱性和弱酸性溶液中,细菌细胞通常带负电荷,而碱性染料电离后带有正电荷,很容易与菌体结合使细菌着色。

在微生物染色中,碱性染料较常用,如常用的亚甲蓝(美蓝)、结晶紫、碱性复红、沙黄、孔雀绿等都属于碱性染料。

2.材料与仪器

(1)菌种:枯草芽孢杆菌12~18 h营养斜面培养物;金黄色葡萄球菌24 h营养斜面

培养物;大肠杆菌约 24 h 营养琼脂斜面培养物。

（2）染料:吕氏碱性美蓝或草酸铵结晶紫。

（3）其他:显微镜、载玻片、接种环、酒精灯、无菌水、香柏油、二甲苯、擦镜纸、吸水纸。

3. 操作步骤

（1）涂片:在洁净无脂的载玻片中央滴一小滴无菌水,用接种环以无菌操作从斜面上挑取少许菌苔于水滴中,混匀并涂成薄膜,涂布面积 1～1.5 cm²。注意:载玻片需清洗洁净并干燥;滴加生理盐水及取菌物不宜过多;涂片时要涂均匀,涂面不宜过厚。

（2）干燥:室温自然干燥。注意:可使用吸水纸处理部分残液。

（3）热固定:手执载玻片一端,使涂菌一面向上,通过火焰 2～3 次。此操作也称热固定,其目的是使细胞质凝固,以固定细胞形态,并使之牢固附着在玻片上。注意:热固定注意温度不能太高,时间不能太长,以免细胞由于脱水而改变其形态及结构。

（4）染色:将涂片置于水平位置,滴加染色液(以刚好覆盖涂片薄膜为宜),吕氏碱性美蓝染色 2 min 左右。

（5）水洗:倾去染液,斜置载片,用自来水的细水流由载片上端流下。注意:不得直接冲洗在涂菌处,以免涂片脱落,并水洗直至载片上流下的水无色为止。

（6）干燥:自然干燥,或用电吹风吹干,也可用滤纸吸干,注意不要擦掉菌体。

（7）镜检:待标本片完全干燥后,先用低倍镜后用高倍镜观察。

4. 检验结果

根据观察结果绘出枯草芽孢杆菌、金黄色葡萄球菌的形态图,注明放大倍数及观察到的颜色。

二、细菌的革兰氏染色法

1. 实验原理

革兰氏染色的反应是细菌分类和鉴定的重要依据。它是 1884 年由丹麦医生 Gram 创立的。革兰氏染色法不仅能观察到细菌的形态特征而且还可将所有细菌区分为两大类:染色反应呈蓝紫色的称为革兰氏阳性细菌,用 G⁺ 表示;染色反应呈红色(复染颜色)的称为革兰氏染色阴性细菌,用 G⁻ 表示。

细菌对于革兰氏染色的不同反应,是由于它们细胞壁的成分和结构不同造成的。革兰氏阳性细菌的细胞壁主要是肽聚糖形成的网状结构组成的,在染色过程中,当用乙醇处理时,由于脱水而引起网状结构中的孔径变小,通透性降低,使结晶紫-碘复合物被保留在细胞内而不易着色,因此,呈现蓝紫色;革兰氏阴性细菌的细胞壁中肽聚糖含量低,而脂类物质含量高,当用乙醇处理时,脂类物质溶解,细胞壁的通透性增加,使结晶紫-碘复合物易被乙醇抽出而脱色,然后又被染上了复染液(番红)的颜色,因此呈现红色。

2. 材料与仪器

（1）菌种:大肠杆菌,金黄色葡萄球菌 12～20 h 斜面培养物。

（2）染料:草酸铵结晶紫染色液、鲁格尔氏碘液、95% 乙醇、番红染色液等。

（3）其他:显微镜、载玻片、接种环、酒精灯、无菌水、香柏油、二甲苯、擦镜纸、吸水纸。

3. 操作步骤

(1)涂片:取两块载玻片,各滴一小滴蒸馏水于玻片中央,用接种环以无菌操作分别从培养 14 ~ 16 h 的枯草芽孢杆菌和培养 24 h 的大肠杆菌的斜面上挑取少量菌苔于水滴中,混匀并涂成薄膜。载玻片要洁净无油迹;滴蒸馏水和取菌不宜过多;涂片要均匀,不宜过厚。

(2)干燥:室温自然干燥。

(3)固定:固定时通过火焰 2 ~ 3 次即可。此过程称热固定,其目的是使细胞质凝固,以固定细胞形态,并使之牢固附着在载玻片上。

热固定温度不易过高,以载玻片背面不烫手为宜,否则会改变甚至破坏细胞形态。

(4)初染:加草酸铵结晶紫一滴,1 ~ 2 min 后,水洗。

(5)媒染:滴加碘液冲去残水,并覆盖约 1 min,水洗。

(6)脱色:将载玻片上面的水甩净,并衬以白背景,用 95% 酒精滴洗至流出酒精刚刚不出现蓝色时为止,20 ~ 30 s,立即用水冲净酒精。

(7)复染:用番红液染 1 ~ 2 min,水洗。

(8)镜检:干燥后,置油镜下观察。革兰氏阴性菌呈红色,革兰氏阳性菌呈紫色。以分散开的细菌的革兰氏染色反应为准,过于密集的细菌,常常呈假阳性。

(9)混合涂片法:按上述方法,在同一玻片上,以大肠杆菌和金黄色葡萄球菌混合涂片、染色、镜检进行比较。

4. 检验结果

绘出大肠杆菌和金黄色葡萄球菌的形态图,注明放大倍数及颜色。

三、抗酸性染色法

1. 原理

分枝杆菌的细胞壁内含有大量的脂质,包围在肽聚糖的外面,所以分枝杆菌一般不易着色,要经过加热和延长染色时间来促使其着色。但分枝杆菌中的分枝菌酸与染料结合后,就很难被酸性脱色剂脱色,故名抗酸染色。

齐-尼氏抗酸染色法是在加热条件下使分枝菌酸与石炭酸复红牢固结合成复合物,用盐酸酒精处理也不脱色。当再加碱性美兰复染后,分枝杆菌仍然为红色,而其他细菌及背景中的物质为蓝色。

2. 材料与仪器

(1)菌种:结核分枝杆菌罗氏固体培养基 2 ~ 4 周。

(2)染料:吕氏碱性美蓝、石炭酸复红及 3% 盐酸酒精。

(3)其他:显微镜、载玻片、接种环、酒精灯、无菌水、香柏油、二甲苯、擦镜纸、吸水纸。

3. 操作步骤

(1)初染:用玻片夹持涂片标本,滴加石炭酸复红 2 ~ 3 滴,在火焰高处徐徐加热,切勿沸腾,出现蒸汽即暂时离开,若染液蒸发减少,应再加染液,以免干涸,加热 3 ~ 5 min,待标本冷却后用水冲洗。

(2)脱色:3% 盐酸酒精脱色 30 s ~ 1 min;用水冲洗。

（3）复染：用碱性美蓝溶液复染 1 min，水洗，用吸水纸吸干后用油镜观察。

4. 检验结果

根据观察结果绘制菌体图片，并标出颜色及放大倍数。

四、特殊染色法

1. 原理

芽孢又叫内生孢子，是某些细菌生长到一定阶段在菌体内形成的休眠体，通常呈圆形或椭圆形。细菌能否形成芽孢以及芽孢的形状、位置，芽孢囊是否膨大等特征都是鉴定细菌的依据。

根据细菌的芽孢和菌体对染料的亲和力不同的原理，用不同的染料进行染色，使芽孢和菌体呈不同的颜色而便于区别。芽孢壁厚，透性低，着色、脱色均较困难，当用弱碱性染料孔雀绿在加热的情况下进行染色时，此染料可以进入菌体及芽孢使其着色，进入菌体的染料可经水洗脱色，而进入芽孢的染料则难以透出。若再用番红复染，则菌体呈红色而芽孢呈绿色。

2. 材料与仪器

（1）菌种：枯草芽孢杆菌，肉汁斜面培养 24 h；

（2）染料：5% 孔雀绿水溶液、0.5% 蕃红水溶液

（3）其他：显微镜、载玻片、接种环、香柏油、二甲苯等。

3. 操作步骤

（1）改良的 Schaeffer-Fulton 氏染色法。

1）制备菌悬液。加 1~2 滴水于小试管中，用接种环挑取 2~3 环菌苔于试管中，搅拌均匀，制成浓的菌悬液。注：所取菌物中细菌须已形成芽孢为宜，取菌物不宜太少，制备成较浑浊菌悬液。

2）染色。加 2~3 滴孔雀绿于小试管中，并使其与菌液混合均匀，然后将试管置于沸水浴的烧杯中，加热染色 15~20 min。

3）涂片固定。用接种环取试管底部菌液数环于干净载玻片上，涂成薄膜，然后将涂片通过火焰 3 次温热固定。

4）脱色。水洗，直至流出的水无绿色为止。

5）复染。用蕃红染液染色 2~3 min，倾去染液并用滤纸吸干残液。

6）镜检。干燥后用油镜观察，芽孢呈绿色，芽孢囊和营养细胞为红色。

（2）常规 Schaeffer-Fulton 氏染色法

1）制片。按照常规染色方法进行制片（涂片、干燥、热固定）。

2）染色。滴加孔雀绿染色液 3~5 滴于洁净干燥的载玻片上，用木夹夹住载玻片一端，在酒精灯上进行微火加热，冒蒸汽开始计时，维持 5 min。注：加热过程温度不宜过高，中途需适时补充染液，以免染液蒸干。

3）脱色。加热完毕，待玻片冷却，使用自来水缓慢冲洗，直至水流为无色为止。注：水流应从菌膜上方缓慢流下，以免涂片菌物被冲掉。

4）复染。使用番红复染 1~2 min。

5)镜检。先低倍后高倍观察,找到菌体,最后使用油镜观察,芽孢呈绿色,芽孢囊和营养细胞为红色。

4. 检验结果

绘图(芽孢囊的形态;芽孢的形态;着生位置),并注明所观察菌名、各结构颜色及显微镜放大倍数。

5. 注意事项

(1)所用菌种应掌握菌龄,以大部分细菌已形成芽孢为宜;

(2)注意控制水浴加热时间。

(3)取菌不宜太少。

五、细菌的荚膜染色法

1. 原理

荚膜是包被于某些细菌细胞壁外的一层厚度不定的透明胶状物质。荚膜的有无、厚薄除与菌种的遗传性相关外,还与环境尤其是营养条件密切相关。荚膜按其有无固定层次、层次厚薄又可细分为荚膜(即大荚膜)、微荚膜、黏液层和菌胶团等数种。

由于荚膜与染料间的亲和力弱,不易着色,通常采用负染色法染荚膜,即设法使菌体和背景着色而荚膜不着色,从而使荚膜在菌体周围呈一透明圈。由于荚膜的含水量在90%以上,故染色时一般不加热固定,以免荚膜皱缩变形。

2. 材料与仪器

(1)菌种:褐色球形固氮菌。

(2)染色剂:墨汁染色液(需过滤)、1%甲基紫水溶液、1%结晶紫水溶液、20%硫酸铜水溶液、甲醇等。

(3)仪器及其他:显微镜、载玻片、接种环、香柏油、二甲苯等。

3. 操作步骤

(1)干墨水法。

1)制片:取洁净的载玻片一块,加蒸馏水一滴,取少量菌体放入水滴中混匀并涂布。

2)干燥:将涂片放在空气中晾干或用电吹风冷风吹干。

3)染色:在涂面上加复红染色液染色3~5 min。

4)水洗:用水洗去复红染液。

5)干燥:将染色片放空气中晾干。

6)涂黑素:在染色涂面左边加一小滴墨汁,用一边缘光滑的载玻片轻轻接触墨汁,使墨汁沿玻片后缘散开(夹角30度),然后推向另一侧,使黑素在染色涂面上成为一薄层,并迅速风干。

7)镜检:先低倍镜,再高倍镜油镜观察。

(2)Anthony 氏法。

1)涂片、固定:按常规法涂片,在空气中自然干燥。

2)染色:用1%结晶紫水溶液染色2 min。

3)脱色:用20% CuSO₄水溶液洗,再用毛边纸吸干。

4）镜检并观察结果:荚膜淡紫色,细胞深紫色。

4. 检验结果

观察视野:背景、菌体、荚膜、细菌形态等,并绘图。

六、细菌的鞭毛染色法

1. 原理

细菌的鞭毛极纤细,直径一般为 $0.1 \sim 0.2 \ \mu m$,只有用电子显微镜才能观察到。但是,如采用特殊的染色法,则在普通光学显微镜下也能看到它。具有鞭毛的细菌基鞭毛数目和在细胞表面分布因种不同而有所差异,是细菌鉴定的依据之一。一般有三类:单生鞭毛、丛生鞭毛和周生鞭毛。

鞭毛染色的基本原理:即在染色前先用媒染剂(如单宁酸或明矾钾)处理,让它沉积在鞭毛上,使鞭毛直径加粗,然后再进行染色(如碱性复红、硝酸银、结晶紫)。常用的媒染剂由单宁酸和氯化高铁或明矾等配制而成。(本方法用硝酸银作染色剂)

2. 材料与仪器

(1)菌种:枯草芽孢杆菌(鞭毛周生)、铜绿假单胞菌(鞭毛端生)。

(2)染色剂:硝酸银鞭毛染色剂 A 液和 B 液、95% 乙醇、蒸馏水。

(3)仪器及其他:载玻片、酒精灯、显微镜、双层瓶、擦镜纸、接种环、镊子、电炉、大烧杯。

3. 操作步骤

(1)载玻片准备:将载玻片用洗衣粉洗涤后,置于 95% 的乙醇溶液中浸泡 20 min,使用时取出在火焰上烧去乙醇及可能残留的油迹。

(2)制片:取一块载玻片,在一端滴一滴蒸馏水,用接种环无菌操作从枯草芽孢杆菌(铜绿假单孢菌)斜面上挑取菌种在载玻片液滴上轻轻蘸一下,使液滴表面形成一薄层菌膜,随后倾斜玻片,使悬菌液缓慢流向另一端,用吸水纸在载玻片边缘处吸去多余菌悬液,自然干燥。

(3)染色:滴加硝酸银染液 A 液覆盖菌面 3 ~ 5 min 后用蒸馏水充分洗去 A 液,之后用 B 液洗去残留水分,再滴加 B 液覆盖菌面数秒至 1 min,其间可用微火加热,当菌面出现明显褐色时,立即用蒸馏水冲洗,自然干燥。

(4)镜检:先低倍,再高倍,最后用油镜检查,菌体呈深褐色,鞭毛呈浅褐色。

4. 检验结果

根据观察结果,指出各菌体鞭毛的着生情况。

七、细菌的细胞核染色法

1. 原理

姬姆萨染色简称姬氏染色,是用天青色素、伊红、亚甲蓝混合而成的姬姆萨染料对血液涂抹标本、血球、疟原虫、立克次体以及骨髓细胞、脊髓细胞等标本进行染色的染色方法。先用蛋白酶等进行处理,然后再用姬姆萨染液染色,在染色体上,可以出现不同浓淡的横纹样着色。姬姆萨染液可将细胞核染成紫红色或蓝紫色,胞浆染成粉红色,在光镜下呈现出清晰的细胞及染色体图像。

2. 材料与仪器

(1)菌种及细胞:血液细胞。

(2)染液:姬姆萨工作液固定液[取1.5 g吉姆萨粉末放入50 mL甘油,置于60 ℃恒温箱,约3 h后溶解;取出后倒入50 mL中性甲醇,即为母液,于棕色瓶可长久保存。需要注意的是,有的甲醇内含醋酸,会使染液中的伊红沉淀出来,不利染色。将母液与0.1 mol/L PBS(磷酸盐缓冲液pH=6.9~7.2)按1:9混合即成工作液。吉姆萨染液对pH极敏感,偏酸时染色过红,偏碱时则过蓝。所以,工作液宜现用现配,保存时间不超过48 h以免被CO_2酸化。]、(甲醇/冰乙酸=3:1)、PBS缓冲液(pH=6.8)。

(3)仪器及其他。载玻片、显微镜、染色缸、擦镜纸、接种环、镊子、烘箱等。

3. 实验方法与步骤

(1)将标本用甲醇固定5~10 min。

(2)加入吉姆萨液染色10~15 min。可用染色缸,或将染液滴覆于标本。

(3)蒸馏水清洗,空气干燥,二甲苯透明,树胶封固。

(4)染色结果观察:细胞核呈蓝色或蓝紫色,胞质呈色与HE染色相仿。

任务六　常见微生物鉴定方法(选修)

在传统的分类鉴定中,微生物分类鉴定的主要依据是形态学特征、生理生化反应特征、生态学特征以及血清学反应、对噬菌体的敏感性等。在鉴定时,我们把这些依据作为鉴定项目,进行一系列的观察和鉴定工作。随着分子生物学在微生物鉴定上的引入及应用,微生物的分子生物学鉴定已成为热点及趋势,常见的有PCR技术、基因探针技术及基因同源性分析技术。微生物的生物化学结构及组分是鉴定微生物的主要依据,由此,细胞壁组分分析红外光谱IR、气相色谱GC、高效液相色谱HPLC等高新技术相继应用到微生物的鉴定当中。主要微生物传统分类鉴定(生理生化反应)的几类方法。

一、大分子物质的水解试验

(一)原理

微生物的胞外酶(如淀粉酶、脂肪酶等)将大分子物质的分解过程可以通过观察细菌菌落周围的物质变化来证实。

(二)实验材料

(1)菌种:枯草芽孢杆菌,大肠杆菌,金黄色葡萄球菌,铜绿假单胞菌,普通变形杆菌。

(2)培养基:固体油脂培养基,固体淀粉培养基,明胶培养基试管,石蕊牛奶试管,尿素琼脂试管。

(3)溶液或试剂:革兰氏染色用卢戈氏碘液。

(4)仪器或其他用具:无菌平板,无菌试管,接种环,接种针,试管架。

(三)操作步骤

(1)淀粉水解试验。制成淀粉培养基平板后,将平板分为四个区域,划线接种枯草芽孢杆菌、大肠杆菌、金黄色葡萄球菌及铜绿假单胞菌后置于 37 ℃培养 24 h。观察各细菌的生长情况，并滴加少量碘液于平皿中。若菌苔周围有透明圈，说明水解反应阳性。透明圈大小可初步判定该菌水解淀粉酶的能力强弱。

（2）油脂水解试验。制成油脂培养基平板后，同样划线接种上述四菌株，置于 37 ℃培养 24 h 后观察各细菌的菌苔颜色，若出现红色斑点，则为脂肪水解阳性。

（3）明胶水解试验。在明胶培养基中穿刺接种枯草芽孢杆菌、大肠杆菌及金黄色葡萄球菌，置于 20 ℃培养 2~5 d 后观察液化情况。

（4）石蕊牛奶试验。接种普通变形杆菌和金黄色葡萄球菌于石蕊牛奶培养基中，置于 35 ℃培养 24~48 h 后观察培养基颜色变化情况。石蕊在酸性条件下为粉红色，碱性为紫色，而被还原时为白色。

（5）尿素试验。接种普通变形杆菌和金黄色葡萄球菌于尿素培养基中，置于 35 ℃培养 24~48 h 后观察培养基颜色变化情况。尿素酶存在时为红色，否则为黄色。

（四）检验结果

试验结果记录如表 2-3。

表 2-3　大分子物质的水解试验结果记录表

菌名	淀粉水解试验	脂肪水解试验	明胶液化试验	石蕊牛奶试验	尿素实验
大肠杆菌					
枯草芽孢杆菌					
金黄色葡萄球菌					
普通变形杆菌					
铜绿假单胞菌					

注：将结果填入表中，"+"表示阳性，"-"表示阴性

二、糖发酵试验

（一）原理

不同的细菌可根据分解利用糖能力的差异表现出是否产酸产气作为鉴定菌种的依据。是否产酸，可在糖发酵培养基中加入指示剂（通常为溴甲酚紫，即 b.c.p，其 pH 在 5.2 以下呈黄色，pH 在 6.8 以上呈紫色），经培养后根据指示剂的颜色变化来判断。是否产气可在发酵培养基中放入倒置小管观察。

不同的微生物具有发酵不同糖（醇）的酶类，所以发酵途径及发酵产物各不相同。有些细菌能分解某种糖产生有机酸（如乳酸、醋酸、丙酸等）和气体（如氢气、甲烷、二氧化碳等）；有些细菌只产酸不产气。例如大肠杆菌能分解乳糖和葡萄糖产酸并产气；伤寒杆菌分解葡萄糖产酸不产气，不能分解乳糖；普通变形杆菌分解葡萄糖产酸产气，不能分解乳糖。发酵培养基含有蛋白胨，指示剂（溴甲酚紫），倒置的德汉氏小管和不同的糖类。当

发酵产酸时,溴甲酚紫指示剂可由紫色(pH=6.8)变为黄色(pH=5.2)。气体的产生可由倒置的德汉氏小管中有无气泡来证明。

(二)材料与仪器

(1)菌种:大肠杆菌,普通变形杆菌斜面各一支。

(2)培养基:葡萄糖发酵培养基试管和乳糖发酵培养基试管各3支(内装有倒置的德汉氏小管)。

(3)仪器及其他:试管架,接种环等。

(三)操作步骤

(1)用记号笔在各试管外壁上分别标明发酵培养基名称和所接种的细菌菌名。

(2)取葡萄糖发酵培养基试管3支,分别接入大肠杆菌,普通变形杆菌,第三支不接种,作为对照。另取乳糖发酵培养基试管3支,同样分别接入大肠杆菌,普通变形杆菌,第三支不接种,作为对照。在接种后,轻缓摇动试管,使其均匀,防止倒置的小管进入气泡。

(3)将接种过和作为对照的6支试管均置37 ℃培养24~48 h。

(4)观察各试管颜色变化及德汉氏小管中有无气泡。

(四)检验结果

试验结果记录如表2-4。

表2-4　糖发酵试验结果记录表

糖类发酵	大肠杆菌	普通变形杆菌	对照
葡萄糖发酵			
乳糖发酵			

注:将结果(+/-)填入表中

复习思考题

1.显微镜的主要构造有哪些?

2.显微镜的放大原理是什么?

3.培养基制备的原则有哪些?

4.实验室常用培养基有哪些种类?

5.无菌技术主要有哪些类型?

6.高压蒸汽灭菌需要注意哪些事项?

7.微生物技术方法有哪些,其优缺点如何?

8.微生物常用染色方法有哪些?

9.革兰氏染色法主要分为哪几个步骤,其中哪些对结果影响较大?

模块三
食品微生物检验常用技术

知识目标

1. 了解食品中常见微生物的概念及其相关知识。
2. 掌握食品中菌落总数、大肠菌群、沙门氏菌、志贺氏菌等的检验程序、方法与步骤、结果与报告等内容。

任务一　食品中菌落总数检验

一、菌落总数的概念

食品检样经过处理,在一定条件(如培养基、培养温度和培养时间等)下培养后,所得每克(毫升)检样中形成的微生物菌落总数。

二、材料与仪器

(一)实验设备

除微生物实验室常规灭菌及培养设备外,其他设备和材料如下:

①恒温培养箱:$(36\pm1)℃$,$(30\pm1)℃$。②冰箱:$2\sim5℃$。③恒温水浴箱:$(46\pm1)℃$。④天平:感量为 0.1 g。⑤均质器。⑥振荡器。⑦无菌吸管:1 mL(具 0.01 mL 刻度)、10 mL(具 0.1 mL 刻度)或微量移液器及吸头。⑧无菌锥形瓶:容量 250 mL、500 mL。⑨无菌培养皿:直径 90 mm。⑩pH 计或 pH 比色管或精密 pH 试纸。⑪放大镜或菌落计数器。

(二)培养基和试剂

①平板计数琼脂培养基。②磷酸盐缓冲液。③无菌生理盐水。

各种培养基和试剂的成分、制法及试验方法见附录 A。

三、检验程序

如图 3-1 所示。

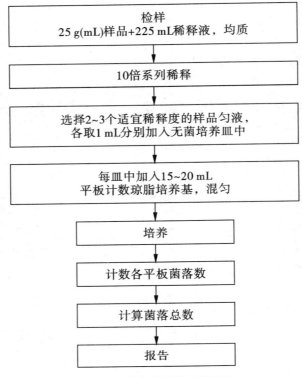

图 3-1　菌落总数的检验程序

四、方法与步骤

(一)样品的稀释

(1)固体和半固体样品:称取 25 g 样品置于盛有 225 mL 磷酸盐缓冲液或生理盐水的无菌均质杯内,8000 ~ 10000 r/min 均质 1 ~ 2 min,或放入盛有 225 mL 稀释液的无菌均质袋中,用拍击式均质器拍打 1 ~ 2 min,制成 1:10 的样品匀液。

(2)液体样品:以无菌吸管吸取 25 mL 样品置于盛有 225 mL 磷酸盐缓冲液或生理盐水的无菌锥形瓶(瓶内预置适当数量的无菌玻璃珠)中,充分混匀,制成 1:10 的样品匀液。

(3)用 1 mL 无菌吸管或微量移液器吸取 1:10 样品匀液 1 mL,沿管壁缓慢注于盛有 9 mL 稀释液的无菌试管中(注意吸管或吸头尖端不要触及稀释液面),振摇试管或换用 1 支无菌吸管反复吹打使其混合均匀,制成 1:100 的样品匀液。

(4)重复上述操作,制备 10 倍系列稀释样品匀液。每递增稀释一次,换用 1 次 1 mL 无菌吸管或吸头。

(5)根据对样品污染状况的估计,选择 2 ~ 3 个适宜稀释度的样品匀液(液体样品可包括原液),在进行 10 倍递增稀释时,吸取 1 mL 样品匀液于无菌平皿内,每个稀释度做两个平皿。同时,分别吸取 1 mL 空白稀释液加入两个无菌平皿内作空白对照。

（6）及时将 15～20 mL 冷却至 46 ℃的平板计数琼脂培养基(可放置于 46 ℃±1 ℃恒温水浴箱中保温)倾注平皿,并转动平皿使其混合均匀。

（二）培养

（1）待琼脂凝固后,将平板翻转,(36±1)℃培养(48±2)h。水产品(30±1)℃培养(72±3)h。

（2）如果样品中可能含有在琼脂培养基表面弥漫生长的菌落时,可在凝固后的琼脂表面覆盖一薄层琼脂培养基(约 4 mL),凝固后翻转平板,(36±1)℃培养(48±2)h。

（三）菌落计数

（1）可用肉眼观察,必要时用放大镜或菌落计数器,记录稀释倍数和相应的菌落数量。菌落计数以菌落形成单位(colony-formingunits,CFU)表示。

（2）选取菌落数在 30～300 CFU 之间、无蔓延菌落生长的平板计数菌落总数。低于30 CFU 的平板记录具体菌落数,大于 300 CFU 的可记录为"多不可计"。每个稀释度的菌落数应采用两个平板的平均数。

（3）其中一个平板有较大片状菌落生长时,则不宜采用,而应以无片状菌落生长的平板作为该稀释度的菌落数;若片状菌落不到平板的一半,而其余一半中菌落分布又很均匀,即可计算半个平板后乘以 2,代表一个平板菌落数。

（4）当平板上出现菌落间无明显界线的链状生长时,则将每条单链作为一个菌落计数。

五、结果与报告

（一）结果的计算

（1）若只有一个稀释度平板上的菌落数在适宜计数范围内,计算两个平板菌落数的平均值,再将平均值乘以相应稀释倍数,作为每克(毫升)样品中菌落总数结果。

（2）若有两个连续稀释度的平板菌落数在适宜计数范围内时,按以下公式计算:

$$N = \frac{\sum C}{(n_1 + 0.1n_2)d}$$

式中　N——样品中菌落数;

$\sum C$——平板(含适宜范围菌落数的平板)菌落数之和;

n_1——第一稀释度(低稀释倍数)平板个数;

n_2——第二稀释度(高稀释倍数)平板个数;

d——稀释因子(第一稀释度)。

（二）菌落总数的报告

（1）菌落数小于 100 CFU 时,按"四舍五入"的原则修约,以整数报告。

（2）菌落数大于或等于 100 CFU 时,第 3 位数字采用"四舍五入"原则修约后,取前两位数字,后面用 0 代替位数;也可用 10 的指数形式来表示,按"四舍五入"原则修约后,采用两位有效数字。

（3）若所有平板上为蔓延菌落而无法计数，则报告菌落蔓延。

（4）若空白对照上有菌落生长，则此次检测结果无效。

（5）称重取样以 CFU/g 为单位报告，体积取样以 CFU/mL 为单位报告。

六、注意事项

（1）若所有稀释度的平板上菌落数均大于 300 CFU，则对稀释度最高的平板进行计数，其他平板可记录为多不可计，结果按平均菌落数乘以最高稀释倍数计算。

（2）若所有稀释度的平板菌落数均小于 30 CFU，则应按稀释度最低的平均菌落数乘以稀释倍数计算。

（3）若所有稀释度（包括液体样品原液）平板均无菌落生长，则以小于 1 乘以最低稀释倍数计算。

（4）若所有稀释度的平板菌落数均不在 30～300 CFU 之间，其中一部分小于 30 CFU 或大于 300 CFU 时，则以最接近 30 CFU 或 300 CFU 的平均菌落数乘以稀释倍数计算。

附录 A：培养基和试剂

A.1　平板计数琼脂（platecountagar，PCA）培养基

A.1.1　成分

胰蛋白胨 5.0 g，酵母浸膏 2.5 g，葡萄糖 1.0 g，琼脂 15.0 g，蒸馏水 1000 mL。

A.1.2　制法

将上述成分加于蒸馏水中，煮沸溶解，调节 pH 至 7.0 ± 0.2。分装试管或锥形瓶，121 ℃高压灭菌 15 min。

A.2　磷酸盐缓冲液

A.2.1　成分

磷酸二氢钾（KH_2PO_4）34.0 g，蒸馏水 500 mL。

A.2.2　制法

储存液：称取 34.0 g 的磷酸二氢钾溶于 500 mL 蒸馏水中，用大约 175 mL 的 1 mol/L 氢氧化钠溶液调节 pH 至 7.2，用蒸馏水稀释至 1000 mL 后储存于冰箱。

稀释液：取储存液 1.25 mL，用蒸馏水稀释至 1000 mL，分装于适宜容器中，121 ℃高压灭菌 15 min。

A.3　无菌生理盐水

A.3.1　成分

氯化钠 8.5 g，蒸馏水 1000 mL。

A.3.2　制法

称取 8.5 g 氯化钠溶于 1000 mL 蒸馏水中，121 ℃高压灭菌 15 min。

任务二　食品中大肠菌群检验

一、大肠菌群的概念

在一定培养条件下能发酵乳糖、产酸产气的需氧和兼性厌氧革兰氏阴性无芽孢杆菌。

二、检验原理

(一)MPN 计数法检验原理

MPN 计数法是统计学和微生物学结合的一种定量检测法。待测样品经系列稀释并培养后,根据其未生长的最低稀释度与生长的最高稀释度,应用统计学概率论推算出待测样品中大肠菌群的最大可能数。

(二)平板计数法检验原理

大肠菌群在固体培养基中发酵乳糖产酸,在指示剂的作用下形成可计数的红色或紫色,带有或不带有沉淀环的菌落。

三、材料与仪器

(一)实验设备

除微生物实验室常规灭菌及培养设备外,其他设备和材料如下:
①恒温培养箱:36 ℃±1 ℃。②冰箱:2～5 ℃。③恒温水浴箱:46 ℃±1 ℃。④天平:感量0.1 g。⑤均质器。⑥振荡器。⑦无菌吸管:1 mL(具 0.01 mL 刻度)、10 mL(具0.1 mL 刻度)或微量移液器及吸头。⑧无菌锥形瓶:容量 500 mL。⑨无菌培养皿:直径90 mm。⑩pH 计或 pH 比色管或精密 pH 试纸。⑪菌落计数器。

(二)培养基和试剂

①月桂基硫酸盐胰蛋白胨(LST)肉汤。②煌绿乳糖胆盐(BGLB)肉汤。③结晶紫中性红胆盐琼脂(VRBA)。④无菌磷酸盐缓冲液。⑤无菌生理盐水。⑥1 mol/L NaOH 溶液。⑦1 mol/L HCl 溶液。

各种培养基和试剂的成分、制法及试验方法见附录 B。

四、MPN 计数法

(一)检验程序(图 3-2)

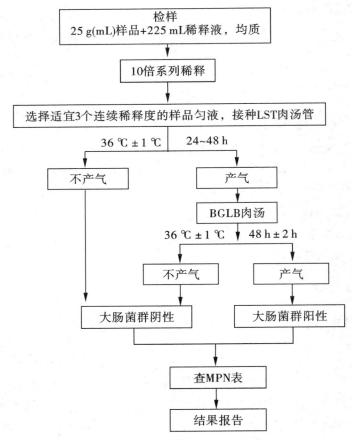

图 3-2 大肠菌群 MPN 计数法检验程序

(二)方法与步骤

1. 样品的稀释

(1)固体和半固体样品:称取 25 g 样品,放入盛有 225 mL 磷酸盐缓冲液或生理盐水的无菌均质杯内,8000 ~ 10000 r/min 均质 1 ~ 2 min,或放入盛有 225 mL 磷酸盐缓冲液或生理盐水的无菌均质袋中,用拍击式均质器拍打 1 ~ 2 min,制成 1:10 的样品匀液。

(2)液体样品:以无菌吸管吸取 25 mL 样品置于盛有 225 mL 磷酸盐缓冲液或生理盐水的无菌锥形瓶(瓶内预置适当数量的无菌玻璃珠)或其他无菌容器中充分振摇或置于机械振荡器中振摇,充分混匀,制成 1:10 的样品匀液。

(3)样品匀液的 pH 应在 6.5 ~ 7.5 之间,必要时分别用 1 mol/L NaOH 或 1 mol/L HCl 调节。

(4)用 1 mL 无菌吸管或微量移液器吸取 1:10 样品匀液 1 mL,沿管壁缓缓注入

9 mL磷酸盐缓冲液或生理盐水的无菌试管中（注意吸管或吸头尖端不要触及稀释液面），振摇试管或换用1支1 mL无菌吸管反复吹打，使其混合均匀，制成1∶100的样品匀液。

（5）根据对样品污染状况的估计，按上述操作，依次制成10倍递增系列稀释样品匀液。每递增稀释1次，换用1支1 mL无菌吸管或吸头。从制备样品匀液至样品接种完毕，全过程不得超过15 min。

2. 初发酵试验

每个样品，选择3个适宜的连续稀释度的样品匀液（液体样品可以选择原液），每个稀释度接种3管月桂基硫酸盐胰蛋白胨（LST）肉汤，每管接种1 mL（如接种量超过1 mL，则用双料LST肉汤），36 ℃±1 ℃培养24 h±2 h，观察倒管内是否有气泡产生，24 h±2 h产气者进行复发酵试验（证实试验），如未产气则继续培养至48 h±2 h，产气者进行复发酵试验。未产气者为大肠菌群阴性。

3. 复发酵试验（证实试验）

用接种环从产气的LST肉汤管中分别取培养物1环，移种于煌绿乳糖胆盐肉汤（BGLB）管中，36 ℃±1 ℃培养48 h±2 h，观察产气情况。产气者，计为大肠菌群阳性管。

（三）结果与报告

按上述证实试验的大肠菌群BGLB阳性管数，检索MPN表（见附录B），报告每克（毫升）样品中大肠菌群的MPN值。

五、平板计数法

（一）检验程序（图3-3）

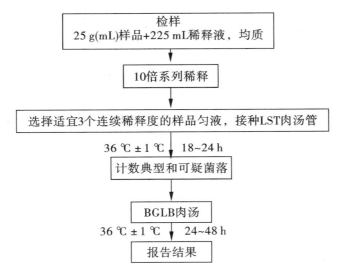

图3-3　大肠菌群平板计数法检验程序

(二)操作步骤

1. 样品的稀释

(1)固体和半固体样品:称取 25 g 样品,放入盛有 225 mL 磷酸盐缓冲液或生理盐水的无菌均质杯内,8000~10000 r/min 均质 1~2 min,或放入盛有 225 mL 磷酸盐缓冲液或生理盐水的无菌均质袋中,用拍击式均质器拍打 1~2 min,制成 1∶10 的样品匀液。

(2)液体样品:以无菌吸管吸取 25 mL 样品置于盛有 225 mL 磷酸盐缓冲液或生理盐水的无菌锥形瓶(瓶内预置适当数量的无菌玻璃珠)或其他无菌容器中充分振摇或置于机械振荡器中振摇,充分混匀,制成 1∶10 的样品匀液。

(3)样品匀液的 pH 应在 6.5~7.5 之间,必要时分别用 1 mol/L NaOH 或 1 mol/L HCl 调节。

(4)用 1 mL 无菌吸管或微量移液器吸取 1∶10 样品匀液 1 mL,沿管壁缓缓注入 9 mL 磷酸盐缓冲液或生理盐水的无菌试管中(注意吸管或吸头尖端不要触及稀释液面),振摇试管或换用 1 支 1 mL 无菌吸管反复吹打,使其混合均匀,制成 1∶100 的样品匀液。

(5)根据对样品污染状况的估计,按上述操作,依次制成 10 倍递增系列稀释样品匀液。每递增稀释 1 次,换用 1 支 1 mL 无菌吸管或吸头。从制备样品匀液至样品接种完毕,全过程不得超过 15 min。

2. 平板计数

(1)选取 2 个~3 个适宜的连续稀释度,每个稀释度接种 2 个无菌平皿,每皿 1 mL。同时取 1 mL 生理盐水加入无菌平皿作空白对照。

(2)及时将 15~20 mL 融化并恒温至 46 ℃的结晶紫中性红胆盐琼脂(VRBA)约倾注于每个平皿中。小心旋转平皿,将培养基与样液充分混匀,待琼脂凝固后,再加 3~4 mL VRBA 覆盖平板表层。翻转平板,置于 36 ℃±1 ℃培养 18~24 h。

3. 平板菌落数的选择

选取菌落数在 15~150 CFU 之间的平板,分别计数平板上出现的典型和可疑大肠菌群菌落(如菌落直径较典型菌落小)。典型菌落为紫红色,菌落周围有红色的胆盐沉淀环,菌落直径为 0.5 mm 或更大,最低稀释度平板低于 15 CFU 的记录具体菌落数。

4. 证实试验

从 VRBA 平板上挑取 10 个不同类型的典型和可疑菌落,少于 10 个菌落的挑取全部典型和可疑菌落。分别移种于 BGLB 肉汤管内,36 ℃±1 ℃培养 24~48 h,观察产气情况。凡 BGLB 肉汤管产气,即可报告为大肠菌群阳性。

(三)结果与报告

经最后证实为大肠菌群阳性的试管比例乘以[五(二)3]中计数的平板菌落数,再乘以稀释倍数,即为每 g(mL)样品中大肠菌群数。例:10^{-4} 样品稀释液 1 mL,在 VRBA 平板上有 100 个典型和可疑菌落,挑取其中 10 个接种 BGLB 肉汤管,证实有 6 个阳性管,则该样品的大肠菌群数为:$100×6/10×10^4 = 6.0×10^5$ CFU/g(mL)。若所有稀释度(包括液体样品原液)平板均无菌落生长,则以小于 1 乘以最低稀释倍数计算。

附录 B:培养基和试剂

B.1 月桂基硫酸盐胰蛋白胨(LST)肉汤

B.1.1 成分

胰蛋白胨或胰酪胨 20.0 g,氯化钠 5.0 g,乳糖 5.0 g,磷酸氢二钾(K_2HPO_4)2.75 g,磷酸二氢钾(KH_2PO_4)2.75 g,月桂基硫酸钠 0.1 g,蒸馏水 1000 mL。

B.1.2 制法

将上述成分溶解于蒸馏水中,调节 pH 至 6.8±0.2。分装到有玻璃小倒管的试管中,每管 10 mL。121 ℃高压灭菌 15 min。

B.2 煌绿乳糖胆盐(BGLB)肉汤

B.2.1 成分

蛋白胨 10.0 g,乳糖 10.0 g,牛胆粉(oxgall 或 oxbile)溶液 200 mL,0.1%煌绿水溶液 13.3 mL,蒸馏水 800 mL。

B.2.2 制法

将蛋白胨、乳糖溶于约 500 mL 蒸馏水中,加入牛胆粉溶液 200 mL(将 20.0 g 脱水牛胆粉溶于 200 mL 蒸馏水中,调节 pH 至 7.0~7.5),用蒸馏水稀释到 975 mL,调节 pH 至 7.2±0.1,再加入 0.1%煌绿水溶液 13.3 mL,用蒸馏水补足到 1000 mL,用棉花过滤后,分装到有玻璃小倒管的试管中,每管 10 mL。121 ℃高压灭菌 15 min。

B.3 结晶紫中性红胆盐琼脂(VRBA)

B.3.1 成分

蛋白胨 7.0 g,酵母膏 3.0 g,乳糖 10.0 g,氯化钠 5.0 g,胆盐或 3 号胆盐 1.5 g,中性红 0.03 g,结晶紫 0.002 g,琼脂 15~18 g,蒸馏水 1000 mL。

B.3.2 制法

将上述成分溶于蒸馏水中,静置几分钟,充分搅拌,调节 pH 至 7.4±0.1。煮沸 2 min,将培养基融化并恒温至 45~50 ℃倾注平板。使用前临时制备,不得超过 3 h。

B.4 磷酸盐缓冲液

B.4.1 成分

磷酸二氢钾(KH_2PO_4)34.0 g,蒸馏水 500 mL。

B.4.2 制法

储存液:称取 34.0 g 的磷酸二氢钾溶于 500 mL 蒸馏水中,用大约 175 mL 的 1 mol/L 氢氧化钠溶液调节 pH 至 7.2±0.2,用蒸馏水稀释至 1000 mL 后储存于冰箱。稀释液:取储存液 1.25 mL,用蒸馏水稀释至 1000 mL,分装于适宜容器中,121 ℃高压灭菌 15 min。

B.5 无菌生理盐水

B.5.1 成分

氯化钠 8.5 g,蒸馏水 1000 mL。

B.5.2 制法

称取 8.5 g 氯化钠溶于 1000 mL 蒸馏水中,121 ℃高压灭菌 15 min。

B.6 1 mol/L NaOH 溶液

B.6.1 成分

NaOH 40.0 g,蒸馏水 1000 mL。

B.6.2 制法

称取 40 g 氢氧化钠溶于 1000 mL 无菌蒸馏水中。

B.7 1 mol/L HCl 溶液

B.7.1 成分

HCl 90 mL,蒸馏水 1000 mL。

B.7.2 制法:移取浓盐酸 90 mL,用无菌蒸馏水稀释至 1000 mL。

B.8 大肠菌群最可能数(MPN)检索表

每 g(mL)检样中大肠菌群最可能数(MPN)的检索见表 3-1。

表 3-1 大肠菌群最可能数(MPN)检索表

阳性管数			MPN	95%可信限		阳性管数			MPN	95%可信限	
0.10	0.01	0.001	<	下限	上限	0.10	0.01	0.001		下限	上限
0	0	0	3.0	–	9.5	2	2	0	21	4.5	42
0	0	1	3.0	0.15	9.6	2	2	1	28	8.7	94
0	1	0	3.0	0.15	11	2	2	2	35	8.7	94
0	1	1	6.1	1.2	18	2	3	0	29	8.7	94
0	2	0	6.2	1.2	18	2	3	1	36	8.7	94
0	3	0	9.4	3.6	38	3	0	0	23	4.6	94
1	0	0	3.6	0.17	18	3	0	1	38	8.7	110
1	0	1	7.2	1.3	18	3	0	2	64	17	180
1	0	2	11	3.6	38	3	1	0	43	9	180
1	1	0	7.4	1.3	20	3	1	1	75	17	200
1	1	1	11	3.6	38	3	1	2	120	37	420
1	2	0	11	3.6	42	3	1	3	160	40	420
1	2	1	15	4.5	42	3	2	0	93	18	420
1	3	0	16	4.5	42	3	2	1	150	37	420
2	0	0	9.2	1.4	38	3	2	2	210	40	430
2	0	1	14	3.6	42	3	2	3	290	90	1 000
2	0	2	20	4.5	42	3	3	0	240	42	1 000
2	1	0	15	3.7	42	3	3	1	460	90	2 000
2	1	1	20	4.5	42	3	3	2	1 100	180	4 100
2	1	2	27	8.7	94	3	3	3	>1 100	420	—

注 1:本表采用 3 个稀释度[0.1 g(mL)、0.01 g(mL)、0.001 g(mL)],每个稀释度接种 3 管。

注 2:表内所列检样量如改用 1 g(mL)、0.1 g(mL)和 0.01 g(mL)时,表内数字应相应降低为 1/10;如改用 0.01 g(mL)、0.001 g(mL)和 0.000 1 g(mL)时,则表内数字应相应增高为 10 倍,其余类推

任务三　食品中沙门氏菌检验

一、沙门氏菌的概念

沙门氏菌是一类革兰氏阴性、两端钝圆的短杆菌,无荚膜和芽孢,除鸡白痢沙门氏菌、鸡伤寒沙门氏菌外都具有周身鞭毛,能运动,大多数具有菌毛,能吸附于宿主细胞表面或凝集豚鼠红细胞。沙门氏菌属有的专对人类致病,有的只对动物致病,也有对人和动物都致病。

二、材料与仪器

(一)实验设备

除微生物实验室常规灭菌及培养设备外,其他设备和材料如下:

①冰箱:2～5 ℃。②恒温培养箱:36 ℃±1 ℃,42 ℃±1 ℃。③均质器。④振荡器。⑤电子天平:感量0.1 g。⑥无菌锥形瓶:容量500 mL,250 mL。⑦无菌吸管:1 mL(具0.01 mL刻度)、10 mL(具0.1 mL刻度)或微量移液器及吸头。⑧无菌培养皿:直径60 mm,90 mm。⑨无菌试管:3 mm×50 mm、10 mm×75 mm。⑩pH计或pH比色管或精密pH试纸。⑪全自动微生物生化鉴定系统。⑫无菌毛细管。

(二)试剂和培养基

①缓冲蛋白胨水(BPW)。②四硫磺酸钠煌绿(TTB)增菌液。③亚硒酸盐胱氨酸(SC)增菌液。④亚硫酸铋(BS)琼脂。⑤HE琼脂。⑥木糖赖氨酸脱氧胆盐(XLD)琼脂。⑦沙门氏菌属显色培养基。⑧三糖铁(TSI)琼脂。⑨蛋白胨水、靛基质试剂。⑩尿素琼脂(pH7.2)。⑪氰化钾(KCN)培养基。⑫赖氨酸脱羧酶试验培养基。⑬糖发酵管。⑱邻硝基酚β-D半乳糖苷(ONPG)培养基。⑮半固体琼脂。⑯丙二酸钠培养基。⑰沙门氏菌O、H和Vi诊断血清。⑱生化鉴定试剂盒。

各种培养基和试剂的成分、制法及试验方法见附录C。

三、检验程序

沙门氏菌的检验程序如图3-4所示。

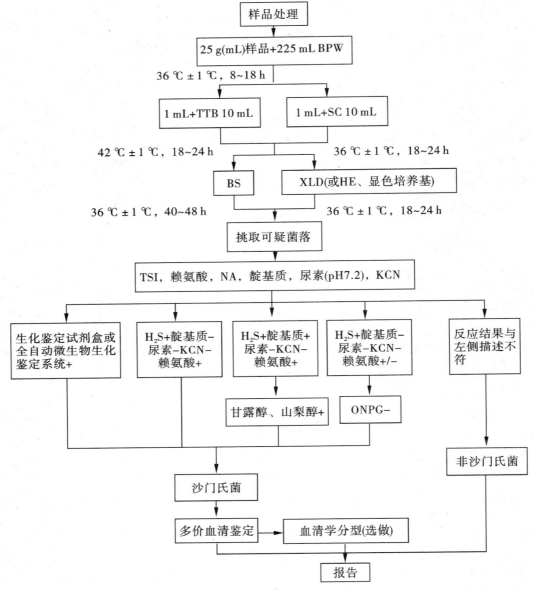

图 3-4 沙门氏菌的检验程序

四、操作步骤

(一)预增菌

无菌操作称取 25 g(mL)样品,置于盛有 225 mL BPW 的无菌均质杯或合适容器内,以 8000 ~ 10 000 r/min 均质 1 ~ 2 min,或置于盛有 225 mL BPW 的无菌均质袋中,用拍击式均质器拍打 1 ~ 2 min。若样品为液态,不需要均质,振荡混匀。如需调整 pH,用

1 mol/mL 无菌 NaOH 或 HCl 调 pH 至 6.8±0.2。无菌操作将样品转至 500 mL 锥形瓶或其他合适容器内（如均质杯本身具有无孔盖,可不转移样品）,如使用均质袋,可直接进行培养,于 36 ℃±1 ℃培养 8～18 h。

如为冷冻产品,应在 45 ℃以下不超过 15 min,或 2～5 ℃不超过 18 h 解冻。

（二）增菌

轻轻摇动培养过的样品混合物,移 1 mL,转种 10 mL TTB 内,42 ℃±1 ℃培养 18～24 h。同时,另取 1 mL,转种于 10 mL SC 内,于 36 ℃±1 ℃培养 18～24 h。

（三）分离

分别用直径 3 mm 的接种环取增菌液 1 环,划线接种于一个 BS 琼脂平板和一个 XLD 琼脂平板（或 HE 琼脂平板或沙门氏菌属显色培养基平板）,36 ℃±1 ℃分别培养 40～48 h（BS 琼脂平板）或 18～24 h（XLD 琼脂平板、HE 琼脂平板、沙门氏菌属显色培养基平板）,观察各个平板上生长的菌落,各个平板上的菌落特征见表 3-2。

表 3-2　沙门氏菌属在不同选择性琼脂平板上的菌落特征

选择性琼脂平板	菌落特征
BS 琼脂	菌落为黑色有金属光泽、棕褐色或灰色,菌落周围培养基可呈黑色或棕色;有些菌株形成灰绿色的菌落,周围培养基不变
HE 琼脂	蓝绿色或蓝色,多数菌落中心黑色或几乎全黑色;有些菌株为黄色,中心黑色或几乎全黑色
XLD 琼脂	菌落呈粉红色,带或不带黑色中心,有些菌株可呈现大的带光泽的黑色中心,或呈现全部黑色的菌落;有些菌株为黄色菌落,带或不带黑色中心
沙门氏菌属显色培养基	按照显色培养基的说明进行判定

（四）生化试验

（1）自选择性琼脂平板上分别挑取 2 个以上典型或可疑菌落,接种三糖铁琼脂,先在斜面划线,再于底层穿刺;接种针不要灭菌,直接接种赖氨酸脱羧酶试验培养基和营养琼脂平板,于 36 ℃±1 ℃培养 18～24 h,必要时可延长至 48 h。在三糖铁琼脂和赖氨酸脱羧酶试验培养基内,沙门氏菌属的反应结果见表 3-3。

表 3-3　沙门氏菌属在三糖铁琼脂和赖氨酸脱羧酶试验培养基内的反应结果

三糖铁琼脂				赖氨酸脱羧酶试验培养基	初步判断
斜面	底层	产气	硫化氢		
K	A	+（-）	+（-）	+	可疑沙门氏菌属
K	A	+（-）	+（-）	-	可疑沙门氏菌属

续表 3-3

三糖铁琼脂				赖氨酸脱羧酶试验培养基	初步判断
斜面	底层	产气	硫化氢		
A	A	+(-)	+(-)	+	可疑沙门氏菌属
A	A	+/-	+/-	-	非沙门氏菌
K	K	+/-	+/-	+/-	非沙门氏菌

注:K:产碱,A:产酸;+:阳性,-:阴性;+(-):多数阳性,少数阴性;+/-:阳性或阴性

（2）接种三糖铁琼脂和赖氨酸脱羧酶试验培养基的同时,可直接接种蛋白胨水(供做靛基质试验)、尿素琼脂(pH=7.2)、氰化钾(KCN)培养基,也可在初步判断结果后从营养琼脂平板上挑取可疑菌落接种。于36 ℃±1 ℃培养18～24 h,必要时可延长至48 h,按表3-4判定结果。将已挑菌落的平板储存于2～5 ℃或室温至少保留24 h,以备必要时复查。

表3-4   沙门氏菌属生化反应初步鉴别表

反应序号	硫化氢(H₂S)	靛基质	pH=7.2 尿素	氰化钾(KCN)	赖氨酸脱羧酶
A1	+	-	-	-	+
A2	+	+	-	-	+
A3	-	-	-	-	+/-

注:+阳性;-阴性;+/-阳性或阴性

1）反应序号 A1。典型反应判定为沙门氏菌属。如尿素、KCN 和赖氨酸脱羧酶 3 项中有 1 项异常,按表 3-5 可判定为沙门氏菌。如有 2 项异常为非沙门氏菌。

表3-5   沙门氏菌属生化反应初步鉴别表

pH=7.2 尿素	氰化钾(KCN)	赖氨酸脱羧酶	判定结果
-	-	-	甲型副伤寒沙门氏菌(要求血清学鉴定结果)
-	+	+	沙门氏菌Ⅳ或Ⅴ(要求符合本群生化特性)
+	-	+	沙门氏菌个别变体(要求血清学鉴定结果)

注:+表示阳性;-表示阴性

2）反应序号 A2。补做甘露醇和山梨醇试验,沙门氏菌靛基质阳性变体两项试验结果均为阳性,但需要结合血清学鉴定结果进行判定。

3）反应序号 A3。补做 ONPG。ONPG 阴性为沙门氏菌,同时赖氨酸脱羧酶阳性,甲型副伤寒沙门氏菌为赖氨酸脱羧酶阴性。

4）必要时按表 3-6 进行沙门氏菌生化群的鉴别。

表 3-6　沙门氏菌属各生化群的鉴别

项目	I	II	III	IV	V	VI
卫矛醇	+	+	−	−	+	−
山梨醇	+	+	+	+	+	−
水杨苷	−	−	−	+	−	−
ONPG	−	−	+	−	+	−
丙二酸盐	−	+	+	−	−	−
KCN	−	−	−	+	+	−

注:+表示阳性;−表示阴性

（3）如选择生化鉴定试剂盒或全自动微生物生化鉴定系统,可根据生化试验 1 中的初步判断结果,从营养琼脂平板上挑取可疑菌落,用生理盐水制备成浊度适当的菌悬液,使用生化鉴定试剂盒或全自动微生物生化鉴定系统进行鉴定。

血清学鉴定及分型

五、结果与报告

综合以上生化试验和血清学鉴定的结果,报告 25 g(mL)样品中检出或未检出沙门氏菌。

附录 C:培养基和试剂

C.1　缓冲蛋白胨水(BPW)

C.1.1　成分

蛋白胨 10.0 g,氯化钠 5.0 g,磷酸氢二钠(含 12 个结晶水)9.0 g,磷酸二氢钾 1.5 g,蒸馏水 1000 mL。

C.1.2   制法

将各成分加入蒸馏水中,搅混均匀,静置约 10 min,煮沸溶解,调节 pH 至 7.2±0.2,高压灭菌 121 ℃,15 min。

C.2   四硫磺酸钠煌绿(TTB)增菌液

C.2.1   基础液

蛋白胨 10.0 g,牛肉膏 5.0 g,氯化钠 3.0 g,碳酸钙 45.0 g,蒸馏水 1000 mL。

除碳酸钙外,将各成分加入蒸馏水中,煮沸溶解,再加入碳酸钙,调节 pH 至 7.0±0.2,高压灭菌 121 ℃,20 min。

C.2.2   硫代硫酸钠溶液

硫代硫酸钠(含 5 个结晶水)50.0 g,蒸馏水加至 100 mL,高压灭菌 121 ℃,20 min。

C.2.3   碘溶液

碘片 20.0 g,碘化钾 25.0 g,蒸馏水加至 100 mL。

将碘化钾充分溶解于少量的蒸馏水中,再投入碘片,振摇玻瓶至碘片全部溶解为止,然后加蒸馏水至规定的总量,储存于棕色瓶内,塞紧瓶盖备用。

C.2.4   0.5% 煌绿水溶液

煌绿 0.5 g,蒸馏水 100 mL,溶解后,存放暗处,不少于 1 d,使其自然灭菌。

C.2.5   牛胆盐溶液

牛胆盐 10.0 g,蒸馏水 100 mL,加热煮沸至完全溶解,高压灭菌 121 ℃,20 min。

C.2.6   制法

基础液 900 mL,硫代硫酸钠溶液 100 mL,碘溶液 20.0 mL,煌绿水溶液 2.0 mL,牛胆盐溶液 50.0 mL,临用前,按上列顺序,以无菌操作依次加入基础液中,每加入一种成分,均应摇匀后再加入另一种成分。

C.3   亚硒酸盐胱氨酸(SC)增菌液

C.3.1   成分

蛋白胨 5.0 g,乳糖 4.0 g,磷酸氢二钠 10.0 g,亚硒酸氢钠 4.0 g,L-胱氨酸 0.01 g,蒸馏水 1000 mL。

C.3.2   制法

除亚硒酸氢钠和 L-胱氨酸外,将各成分加入蒸馏水中,煮沸溶解,冷至 55 ℃ 以下,以无菌操作加入亚硒酸氢钠和 1 g/L L-胱氨酸溶液 10 mL(称取 0.1 g L-胱氨酸,加 1 mol/L 氢氧化钠溶液 15 mL,使溶解,再加无菌蒸馏水至 100 mL 即成,如为 DL-胱氨酸,用量应加倍)。摇匀,调节 pH 至 7.0±0.2。

C.4   亚硫酸铋(BS)琼脂

C.4.1   成分

蛋白胨 10.0 g,牛肉膏 5.0 g,葡萄糖 5.0 g,硫酸亚铁 0.3 g,磷酸氢二钠 4.0 g,煌绿 0.025 g 或 5.0 g/L 水溶液 5.0 mL,柠檬酸铋铵 2.0 g,亚硫酸钠 6.0 g,琼脂 18.0 g ~ 20.0 g,蒸馏水 1000 mL。

C.4.2　制法

将前三种成分加入 300 mL 蒸馏水(制作基础液),硫酸亚铁和磷酸氢二钠分别加入 20 mL 和 30 mL 蒸馏水中,柠檬酸铋铵和亚硫酸钠分别加入另一 20 mL 和 30 mL 蒸馏水中,琼脂加入 600 mL 蒸馏水中。然后分别搅拌均匀,煮沸溶解。冷至 80 ℃ 左右时,先将硫酸亚铁和磷酸氢二钠混匀,倒入基础液中,混匀。将柠檬酸铋铵和亚硫酸钠混匀,倒入基础液中,再混匀。调节 pH 至 7.5±0.2,随即倾入琼脂液中,混合均匀,冷至 50～55 ℃。加入煌绿溶液,充分混匀后立即倾注平皿。

注:本培养基不需要高压灭菌,在制备过程中不宜过分加热,避免降低其选择性,储于室温暗处,超过 48 h 会降低其选择性,本培养基宜于当天制备,第二天使用。

C.5　HE 琼脂(HektoenEntericAgar)

C.5.1　成分

蛋白胨 12.0 g,牛肉膏 3.0 g,乳糖 12.0 g,蔗糖 12.0 g,水杨素 2.0 g,胆盐 20.0 g,氯化钠 5.0 g,琼脂 18.0～20.0 g,蒸馏水 1000 mL,

0.4%溴麝香草酚蓝溶液 16.0 mL,Andrade 指示剂 20.0 mL,甲液 20.0 mL,乙液 20.0 mL。

C.5.2　制法

将前面七种成分溶解于 400 mL 蒸馏水内作为基础液;将琼脂加入于 600 mL 蒸馏水内。然后分别搅拌均匀,煮沸溶解。加入甲液和乙液于基础液内,调节 pH 至 7.5±0.2。再加入指示剂,并与琼脂液合并,待冷至 50～55 ℃倾注平皿。

注:①本培养基不需要高压灭菌,在制备过程中不宜过分加热,避免降低其选择性。
②甲液的配制:硫代硫酸钠 34.0 g,柠檬酸铁铵 4.0 g,蒸馏水 100 mL。
③乙液的配制:去氧胆酸钠 10.0 g,蒸馏水 100 mL。
④Andrade 指示剂:酸性复红 0.5 g,1 mol/L 氢氧化钠溶液 16.0 mL,蒸馏水 100 mL。
将复红溶解于蒸馏水中,加入氢氧化钠溶液。数小时后如复红褪色不全,再加氢氧化钠溶液 1～2 mL。

C.6　木糖赖氨酸脱氧胆盐(XLD)琼脂

C.6.1　成分

酵母膏 3.0 g,L-赖氨酸 5.0 g,木糖 3.75 g,乳糖 7.5 g,蔗糖 7.5 g,去氧胆酸钠 2.5 g,柠檬酸铁铵 0.8 g,硫代硫酸钠 6.8 g,氯化钠 5.0 g,琼脂 15.0 g,酚红 0.08 g,蒸馏水 1000 mL。

C.6.2　制法

除酚红和琼脂外,将其他成分加入 400 mL 蒸馏水中,煮沸溶解,调节 pH 至 7.4±0.2。另将琼脂加入 600 mL 蒸馏水中,煮沸溶解。

将上述两溶液混合均匀后,再加入指示剂,待冷至 50～55 ℃倾注平皿。

注:本培养基不需要高压灭菌,在制备过程中不宜过分加热,避免降低其选择性,储于室温暗处。本培养基宜于当天制备,第二天使用。

C.7   三糖铁(TSI)琼脂

C.7.1   成分

蛋白胨20.0 g,牛肉膏5.0 g,乳糖10.0 g,蔗糖10.0 g,葡萄糖1.0 g,硫酸亚铁铵(含6个结晶水)0.2 g,酚红0.025 g或5.0 g/L溶液5.0 mL,氯化钠5.0 g,硫代硫酸钠0.2 g,琼脂12.0 g,蒸馏水1000 mL。

C.7.2   制法

除酚红和琼脂外,将其他成分加入400 mL蒸馏水中,煮沸溶解,调节pH至7.4±0.2。另将琼脂加入600 mL蒸馏水中,煮沸溶解。

将上述两溶液混合均匀后,再加入指示剂,混匀,分装试管,每管约2~4 mL,高压灭菌121 ℃10 min或115 ℃15 min,灭菌后制成高层斜面,呈橘红色。

C.8   蛋白胨水、靛基质试剂

C.8.1   蛋白胨水

蛋白胨(或胰蛋白胨)20.0 g,氯化钠5.0 g,蒸馏水1000 mL。

将上述成分加入蒸馏水中,煮沸溶解,调节pH至7.4±0.2,分装小试管,121 ℃高压灭菌15 min。

C.8.2   靛基质试剂

C.8.2.1   柯凡克试剂

将5 g对二甲氨基甲醛溶解于75 mL戊醇中,然后缓慢加入浓盐酸25 mL。

C.8.2.2   欧-波试剂

将1 g对二甲氨基苯甲醛溶解于95 mL95%乙醇内。然后缓慢加入浓盐酸20 mL。

C.8.3   试验方法

挑取小量培养物接种,在36 ℃±1 ℃培养1~2 d,必要时可培养4~5 d。加入柯凡克试剂约0.5 mL,轻摇试管,阳性者于试剂层呈深红色;或加入欧-波试剂约0.5 mL,沿管壁流下,覆盖于培养液表面,阳性者于液面接触处呈玫瑰红色。

注:蛋白胨中应含有丰富的色氨酸。每批蛋白胨买来后,应先用已知菌种鉴定后方可使用。

C.9   尿素琼脂(pH=7.2)

C.9.1   成分

蛋白胨1.0 g,氯化钠5.0 g,葡萄糖1.0 g,磷酸二氢钾2.0 g,0.4%酚红3.0 mL,琼脂20.0 g,蒸馏水1000 mL,20%尿素溶液100 mL。

C.9.2   制法

除尿素、琼脂和酚红外,将其他成分加入400 mL蒸馏水中,煮沸溶解,调节pH至7.2±0.2。另将琼脂加入600 mL蒸馏水中,煮沸溶解。

将上述两溶液混合均匀后,再加入指示剂后分装,121 ℃高压灭菌15 min。冷至50~55 ℃,加入经除菌过滤的尿素溶液。尿素的最终浓度为2%。分装于无菌试管内,放成斜面备用。

C.9.3   试验方法

挑取琼脂培养物接种,在36 ℃±1 ℃培养24 h,观察结果。尿素酶阳性者由于产碱而使培养基变为红色。

C.10　氰化钾(KCN)培养基

C.10.1　成分

蛋白胨10.0 g,氯化钠5.0 g,磷酸二氢钾0.225 g,磷酸氢二钠5.64 g,蒸馏水1000 mL,0.5%氰化钾20.0 mL。

C.10.2　制法

将除氰化钾以外的成分加入蒸馏水中,煮沸溶解,分装后121 ℃高压灭菌15 min。放在冰箱内使其充分冷却。每100 m培养基加入0.5%氰化钾溶液2.0 mL(最后浓度为1∶10000),分装于无菌试管内,每管约4 mL,立刻用无菌橡皮塞塞紧,放在4 ℃冰箱内,至少可保存两个月。同时,将不加氰化钾的培养基作为对照培养基,分装试管备用。

C.10.3　试验方法

将琼脂培养物接种于蛋白胨水内成为稀释菌液,挑取1环接种于氰化钾(KCN)培养基。并另挑取1环接种于对照培养基。在(36±1)℃培养1～2 d,观察结果。如有细菌生长即为阳性(不抑制),经2 d细菌不生长为阴性(抑制)。

注:氰化钾是剧毒药,使用时应小心,切勿沾染,以免中毒。夏天分装培养基应在冰箱内进行。试验失败的主要原因是封口不严,氰化钾逐渐分解,产生氢氰酸气体逸出,以致药物浓度降低,细菌生长,因而造成假阳性反应。试验时对每一环节都要特别注意。

C.11　赖氨酸脱羧酶试验培养基

C.11.1　成分

蛋白胨5.0 g,酵母浸膏3.0 g,葡萄糖1.0 g,蒸馏水1000 mL,1.6%溴甲酚紫-乙醇溶液1.0 mL,L-赖氨酸或DL-赖氨酸0.5 g/100 mL或1.0 g/100 mL。

C.11.2　制法

除赖氨酸以外的成分加热溶解后,分装每瓶100 mL,分别加入赖氨酸。L-赖氨酸按0.5%加入,DL-赖氨酸按1%加入。调节pH至6.8±0.2。对照培养基不加赖氨酸。分装于无菌的小试管内,每管0.5 mL,上面滴加一层液体石蜡,115 ℃高压灭菌10 min。

C.11.3　试验方法

从琼脂斜面上挑取培养物接种,于36 ℃±1 ℃培养18～24 h,观察结果。氨基酸脱羧酶阳性者由于产碱,培养基应呈紫色。阴性者无碱性产物,但因葡萄糖产酸而使培养基变为黄色。对照管应为黄色。

C.12　糖发酵管

C.12.1　成分

牛肉膏5.0 g,蛋白胨10.0 g,氯化钠3.0 g,磷酸氢二钠(含12个结晶水)2.0 g,0.2%溴麝香草酚蓝溶液12.0 mL,蒸馏水1000 mL。

C.12.2　制法

C.12.2.1　葡萄糖发酵管按上述成分配好后,调节pH至7.4±0.2。按0.5%加入葡萄糖,分装于有一个倒置小管的小试管内,121 ℃高压灭菌15 min。

C.12.2.2　其他各种糖发酵管可按上述成分配好后,分装每瓶100 mL,121 ℃高压灭菌15 min。另将各种糖类分别配好10%溶液,同时高压灭菌。将5 mL糖溶液加入100 mL培养基内,以无菌操作分装小试管。

注:蔗糖不纯,加热后会自行水解者,应采用过滤法除菌。

C.12.3　试验方法

从琼脂斜面上挑取小量培养物接种,于36 ℃±1 ℃培养,一般2~3 d。迟缓反应需观察14~30 d。

C.13　邻硝基酚 β-D 半乳糖苷(ONPG)培养基

C.13.1　成分

邻硝基酚 β-D 半乳糖苷(ONPG)60.0 mg,0.01 mol/L 磷酸钠缓冲液(pH=7.5)10.0 mL,1%蛋白胨水(pH=7.5)30.0 mL。

C.13.2　制法

将ONPG溶于缓冲液内,加入蛋白胨水,以过滤法除菌,分装于无菌的小试管内,每管0.5 mL,用橡皮塞塞紧。

C.13.3　试验方法

自琼脂斜面上挑取培养物1满环接种于36 ℃±1 ℃培养1~3 h和24 h观察结果。如果β-半乳糖苷酶产生,则于1~3 h变黄色,如无此酶则24 h不变色。

C.14　半固体琼脂

C.14.1　成分

牛肉膏0.3 g,蛋白胨1.0 g,氯化钠0.5 g,琼脂0.35~0.4 g,蒸馏水100 mL。

C.14.2　制法

按以上成分配好,煮沸溶解,调节 pH 至7.4±0.2。分装小试管。121 ℃高压灭菌15 min。直立凝固备用。

注:供动力观察、菌种保存、H 抗原位相变异试验等用。

C.15　丙二酸钠培养基

C.15.1　成分

酵母浸膏1.0 g,硫酸铵2.0 g,磷酸氢二钾0.6 g,磷酸二氢钾0.4 g,氯化钠2.0 g,丙二酸钠3.0 g,0.2%溴麝香草酚蓝溶液12.0 mL,蒸馏水1000 mL。

C.15.2　制法

除指示剂以外的成分溶解于水,调节 pH 至6.8±0.2,再加入指示剂,分装试管,121 ℃高压灭菌15 min。

C.15.3　试验方法

用新鲜的琼脂培养物接种,于36 ℃±1 ℃培养48 h,观察结果。阳性者由绿色变为蓝色。

任务四　食品中志贺氏菌检验

一、概念

志贺氏菌属,通称痢疾杆菌,是一类革兰阴性杆菌,1898 年日本细菌学家志贺洁首先发现了痢疾志贺氏菌,因此以其姓氏命名。该菌是人类细菌性痢疾最为常见的病原菌,为典型的食源性病原菌,呈全球性分布,人畜共患病范畴。

案例:都是黄瓜惹的祸　　　志贺氏菌特性

二、材料与仪器

(一)实验设备

①恒温培养箱:36 ℃±1 ℃。②冰箱:2～5 ℃。③膜过滤系统。④厌氧培养装置:41.5 ℃±1 ℃。⑤电子天平:感量 0.1 g。⑥显微镜:10×～100×。⑦均质器。⑧振荡器。⑨无菌吸管:1mL(具 0.01 mL 刻度)、10 mL(具 0.1 mL 刻度)或微量移液器及吸头。⑩无菌均质杯或无菌均质袋:容量 500 mL。⑪无菌培养皿:直径 90 mm。⑫pH 计或 pH 比色管或精密 pH 试纸。⑬全自动微生物生化鉴定系统。

(二)培养基和试剂

①志贺氏菌增菌肉汤-新生霉素。②麦康凯(MAC)琼脂。③木糖赖氨酸脱氧胆酸盐(XLD)琼脂。④志贺氏菌显色培养基。⑤三糖铁(TSI)琼脂。⑥营养琼脂斜面。⑦半固体琼脂。⑧葡萄糖胺培养基。⑨尿素琼脂。⑩β-半乳糖苷酶培养基。⑪氨基酸脱羧酶试验培养基。⑫糖发酵管。⑬西蒙氏柠檬酸盐培养基。⑭黏液酸盐培养基。⑮白胨水、靛基质试剂。⑯志贺氏菌属诊断血清。⑰生化鉴定试剂盒。

各种培养基和试剂的成分、制法及试验方法见附录 D。

三、检验程序

志贺氏菌检验程序如图 3-5。

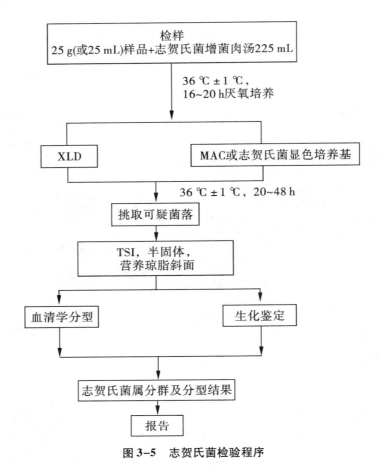

图3-5　志贺氏菌检验程序

四、方法与步骤

(一)样品制备

1. 固态或半固态样品

固体或半固态样品,以无菌操作称取检样25 g,加入装有225 mL营养肉汤的均质杯中,用旋转刀片式均质器以8000～10000 r/min均质1～2 min;或加入装有225 mL营养肉汤的均质袋中,用拍击式均质器均质1～2 min。

2. 液态样品

以无菌操作量取检样25 mL,加入装有225 mL营养肉汤的无菌锥形瓶(瓶内可预置适当数量的无菌玻璃珠),振荡混匀。

(二)增菌

于41.5 ℃±1 ℃,厌氧培养16～20 h。

(三)分离

取增菌后的志贺氏增菌液分别划线接种于XLD琼脂平板和MAC(麦康凯)琼脂平板

或志贺氏菌显色培养基平板上。于 36 ℃±1 ℃培养 20 ~24 h,观察各个平板上生长的菌落形态。宋内氏志贺氏菌的单个菌落直径大于其他志贺氏菌。若出现的菌落不典型或菌落较小不易观察,则继续培养至 48 h 再进行观察。

志贺氏菌在不同选择性琼脂平板上的菌落特征见表 3-7。

表 3-7　志贺氏菌在不同选择性琼脂平板上的菌落特征

选择性琼脂平板	志贺氏菌的菌落特征
MAC 琼脂	无色至浅粉红色,半透明、光滑、湿润、圆形,边缘整齐或不齐
XLD 琼脂	粉红色至无色,半透明、光滑、湿润、圆形,边缘整齐或不齐
志贺氏菌显色培养基	按照显色培养基的说明进行判定

(四)初步生化试验

(1)在选择性琼脂平板上分别挑取 2 个以上典型或可疑菌落,分别接种 TSI、半固体和营养琼脂斜面各一管,置 36 ℃±1 ℃培养 20 ~24 h,分别观察结果。

如出现以下培养物,可弃用:

1)在三糖铁琼脂斜面上呈蔓延生长的培养物。

2)不分解葡萄糖和只生长在半固体培养基表面的培养物。

3)出现产气现象的培养物。

4)有运动性的培养物。

5)产生 H_2S 的培养物。

6)培养期间(18 ~24 h)发酵乳糖、蔗糖的培养物。

(2)凡是三糖铁琼脂中斜面产碱、底层产酸(发酵葡萄糖,不发酵乳糖,蔗糖)、不产气(福氏志贺氏菌 6 型可产生少量气体)、不产硫化氢、半固体管中无动力的菌株,挑取[(四)(1)]中已培养的营养琼脂斜面上生长的菌苔,进行生化试验和血清学分型。

(五)生化试验及附加生化试验

1. 生化试验

用已培养的营养琼脂斜面上生长的菌苔,进行生化试验,即 β-半乳糖苷酶、尿素、赖氨酸脱羧酶、鸟氨酸脱羧酶以及水杨苷和七叶苷的分解试验。除宋内氏志贺氏菌、鲍氏志贺氏菌 13 型的鸟氨酸阳性;宋内氏菌和痢疾志贺氏菌 1 型,鲍氏志贺氏菌 13 型的 β-半乳糖苷酶为阳性以外,其余生化试验志贺氏菌属的培养物均为阴性结果。另外由于福氏志贺氏菌 6 型的生化特性和痢疾志贺氏菌或鲍氏志贺氏菌相似,必要时还需加做靛基质、甘露醇、棉子糖、甘油试验,也可做革兰氏染色检查和氧化酶试验,应为氧化酶阴性的革兰氏阴性杆菌。生化反应不符合的菌株,即使能与某种志贺氏菌分型血清发生凝集,仍不得判定为志贺氏菌属。志贺氏菌属生化特性见表 3-8。

表3-8 志贺氏菌属四个群的生化特征

生化反应	A 群:痢疾志贺氏菌	B 群:福氏志贺氏菌	C 群:鲍氏志贺氏菌	D 群:宋内氏志贺氏菌
β-半乳糖苷酶	$-^a$	—	$-^a$	+
尿素	—	—	—	—
赖氨酸脱羧酶	—	—	—	—
鸟氨酸脱羧酶	—	—	$-^b$	+
水杨苷	—	—	—	—
七叶苷	—	—	—	—
靛基质	—/+	(+)	-/+	
甘露醇	—	$+^c$	+	+
棉子糖	—	+	—	+
甘油	(+)	—	(+)	d

注:+表示阳性;—表示阴性;—/+表示多数阴性;+/—表示多数阳性;(+)表示迟缓阳性;d 表示有不同生化型。
[a]痢疾志贺 1 型和鲍氏 13 型为阳性。
[b]鲍氏 13 型为鸟氨酸阳性。
[c]福氏 4 型和 6 型常见甘露醇阴性变种

2. 附加生化实验

由于某些不活泼的大肠埃希氏菌、A-D(碱性-异型)菌的部分生化特征与志贺氏菌相似,并能与某种志贺氏菌分型血清发生凝集;因此前面生化实验符合志贺氏菌属生化特性的培养物还需另加葡萄糖胺、西蒙氏柠檬酸盐、黏液酸盐试验(36 ℃培养 24 ~ 48 h)。志贺氏菌属和不活泼大肠埃希氏菌、A-D 菌的生化特性区别见表3-9。

表3-9 志贺氏菌和不活泼大肠埃希氏菌、A-D 菌的生化特征区别

生化反应	A 群:痢疾志贺氏菌	B 群:福氏志贺氏菌	C 群:鲍氏志贺氏菌	D 群:宋内氏志贺氏菌	大肠埃希氏菌	A-D 菌
葡萄糖胺	–	–	–	–	+	+
西蒙氏柠檬酸盐	–	–	–	–	d	d
黏液酸盐	–	–	–	d	+	d

注1:+表示阳性;–表示阴性;d 表示有不同生化型。
注2:在葡萄糖铵、西蒙氏柠檬酸盐、黏液酸盐试验三项反应中志贺氏菌一般为阴性,而不活泼的大肠埃希氏菌、A-D(碱性-异型)菌至少有一项反应为阳性

如选择生化鉴定试剂盒或全自动微生物生化鉴定系统,可根据[(四)2]的初步判断结果,用[(四)(1)]中已培养的营养琼脂斜面上生长的菌苔,使用生化鉴定试剂盒或全

自动微生物生化鉴定系统进行鉴定。

(六)血清学鉴定

1.抗原的准备

志贺氏菌属没有动力,所以没有鞭毛抗原。志贺氏菌属主要有菌体(O)抗原。菌体O抗原又可分为型和群的特异性抗原。

一般采用1.2%~1.5%琼脂培养物作为玻片凝集试验用的抗原。

注1:一些志贺氏菌如果因为K抗原的存在而不出现凝集反应时,可挑取菌苔于1 mL生理盐水做成浓菌液,100 ℃煮沸15~60 min去除K抗原后再检查。

注2:D群志贺氏菌既可能是光滑型菌株也可能是粗糙型菌株,与其他志贺氏菌群抗原不存在交叉反应。与肠杆菌科不同,宋内氏志贺氏菌粗糙型菌株不一定会自凝。宋内氏志贺氏菌没有K抗原。

2.凝集反应

在玻片上划出2个约1 cm×2 cm的区域,挑取一环待测菌,各放1/2环于玻片上的每一区域上部,在其中一个区域下部加1滴抗血清,在另一区域下部加入1滴生理盐水,作为对照。再用无菌的接种环或针分别将两个区域内的菌落研成乳状液。将玻片倾斜摇动混合1 min,并对着黑色背景进行观察,如果抗血清中出现凝结成块的颗粒,而且生理盐水中没有发生自凝现象,那么凝集反应为阳性。如果生理盐水中出现凝集,视作为自凝。这时,应挑取同一培养基上的其他菌落继续进行试验。

如果待测菌的生化特征符合志贺氏菌属生化特征,而其血清学试验为阴性的话,则按[(六)1]注1进行试验。

血清学分型(选做项目)

血清学分型

五、结果与报告

(一)报告内容

志贺氏菌在培养基上呈现无色透明不发酵乳糖的菌落,在TSI琼脂中底层产酸,不产气,斜面产碱,不产生硫化氢,不运动,在半固体管内沿穿刺线生长。

综合以上生化试验和血清学鉴定结果,判定菌型并做出报告。

(二)检验结果记录

将检验结果记录于表3-10中。

表 3-10　志贺氏菌检验结果记录

样品编号				检验日期		
检验依据	GB4789.5—2012					
检验环境	温度:℃　湿度:%RH					
仪器设备名称、规格型号、精度、编号						
样品复苏	___月___日_____无菌操作,将待检样品磁珠置于 10 mL 无菌营养肉汤中 37 ℃温育 24 h 复苏。					
增菌	___月___日_____按无菌操作取待检肉汤 1 mL,加入到 10 mL 志贺氏增菌肉汤中,无菌均质,于 41.5 ℃±1 ℃厌氧培养 16~20 h。					
	检验项目				现象	结果
分离培养	XLD琼脂平板	要求	(36±1)℃,20~24 h			
		培养	___日___时至___日___时			
	MAC琼脂平板	要求	(36±1)℃,20~24 h			
		培养	___日___时至___日___时			
	显色培养基	要求	(36±1)℃,20~24 h			
		培养	___日___时至___日___时			
	检验项目				现象	结果
初步生化实验	TSI琼脂	要求	(36±1)℃,20~24 h			
		培养	___日___时至___日___时			
	半固体	要求	(36±1)℃,20~24 h			
		培养	___日___时至___日___时			
	营养琼脂斜面	要求	(36±1)℃,20~24 h			
		培养	___日___时至___日___时			
	检验项目			现象		结果
生化试验	β-半乳糖甘酶					
	尿素					
	赖氨酸脱羧酶					
	水杨苷					
血清学试验						
检验结果						
备注						

检验者:　　　　　审核者:　　　　　　　　　　　　　　　年　月　日

六、注意事项

（1）志贺氏菌在常温下存活时间较短,样品采集后应尽快进行检验,如果24 h进行检验,可将样品暂存于冰箱内,如果需要长时间保存,必须放在低温冰箱内。

（2）对志贺氏菌的检验至今还没有很好的增菌方法,一般采用GN增菌液,缩短增菌时间,6~8 h增菌液内细菌轻微生长,即可接种鉴别平板,以免时间较长,其他肠道非致病菌生长过多而影响志贺氏菌的分离。

（3）初步生化检测中鉴别培养基的数目越多,志贺氏菌阳性检出率则越高,用于分离的鉴别培养基数目一般不少于2个,中等选择性的,HE或SS琼脂平板一个;弱选择性的,麦康凯或EMB琼脂平板一个,WS琼脂可作为中等选择性培养基使用,FX琼脂可作为选择性培养基使用。

（4）运动性也是志贺氏菌鉴定的重要指标,挑取可疑菌落,除接种一支TSI琼脂外,还需要接种一支半固体培养基鉴别。

附录 D:培养基和试剂

D.1　志贺氏菌增菌肉汤-新生霉素

D.1.1　志贺氏菌增菌肉汤

D.1.1.1　成分

胰蛋白胨20.0 g,葡萄糖1.0 g,磷酸氢二钾2.0 g,磷酸二氢钾2.0 g,氯化钠5.0 g,吐温80(Tween80)1.5 mL,蒸馏水1000.0 mL。

D.1.1.2　制法

将以上成分混合加热溶解,冷却至25 ℃左右校正pH至7.0±0.2,分装适当的容器,121 ℃灭菌15 min。取出后冷却至50~55 ℃,加入除菌过滤的新生霉素溶液(0.5 μg/mL),分装225 mL备用。

注:如不立即使用,在2~8 ℃条件下可储存一个月。

D.1.2　新生霉素溶液

D.1.2.1　成分

新生霉素25.0 mg,蒸馏水1000.0 mL。

D.1.2.2　制法

将新生霉素溶解于蒸馏水中,用0.22 μm过滤膜除菌,如不立即使用,在2~8 ℃条件下可储存一个月。

D.1.3　临用时每225 mL志贺氏菌增菌肉汤(D.1.1)加入5 mL新生霉素溶液(D.1.2),混匀。

D.2　麦康凯(MAC)琼脂

D.2.1　成分

蛋白胨20.0 g,乳糖10.0 g,3号胆盐1.5 g,氯化钠5.0 g,中性红0.03 g,结晶紫0.001 g,琼脂15.0 g,蒸馏水1000.0 mL。

D.2.2　制法

将以上成分混合加热溶解,冷却至25 ℃左右校正 pH 至7.2±0.2,分装,121 ℃高压灭菌15 min。冷却至45～50 ℃,倾注平板。

注:如不立即使用,在2～8 ℃条件下可储存二周。

D.3　木糖赖氨酸脱氧胆盐(XLD)琼脂

D.3.1　成分

酵母膏3.0 g,L-赖氨酸5.0 g,木糖3.75 g,乳糖7.5 g,蔗糖7.5 g,脱氧胆酸钠1.0 g,氯化钠5.0 g,硫代硫酸钠6.8 g,柠檬酸铁铵0.8 g,酚红0.08 g,琼脂15.0 g,蒸馏水1000.0 mL。

D.3.2　制法

除酚红和琼脂外,将其他成分加入400 mL蒸馏水中,煮沸溶解,校正 pH 至7.4±0.2。另将琼脂加入600 mL蒸馏水中,煮沸溶解。

将上述两溶液混合均匀后,再加入指示剂,待冷至50～55 ℃倾注平皿。

注:本培养基不需要高压灭菌,在制备过程中不宜过分加热,避免降低其选择性,储于室温暗处。本培养基宜于当天制备,第二天使用。使用前必须去除平板表面上的水珠,在37～55 ℃温度下,琼脂面向下、平板盖亦向下烘干。另外如配制好的培养基不立即使用,在2～8 ℃条件下可储存二周。

D.4　三糖铁(TSI)琼脂

D.4.1　成分

蛋白胨20.0 g,牛肉浸膏5.0 g,乳糖10.0 g,蔗糖10.0 g,葡萄糖1.0 g,硫酸亚铁铵$(NH_4)_2Fe(SO_4)_2 \cdot 6H_2O$ 0.2 g,氯化钠5.0 g,硫代硫酸钠0.2 g,酚红0.025 g,琼脂12.0 g,蒸馏水1000.0 mL。

D.4.2　制法

除酚红和琼脂外,将其他成分加于400 mL蒸馏水中,搅拌均匀,静置约10 min,加热使完全溶化,冷却至25 ℃左右校正 pH 至7.4±0.2。另将琼脂加于600 mL蒸馏水中,静置约10 min,加热使完全溶化。将两溶液混合均匀,加入5%酚红水溶液5 mL,混匀,分装小号试管,每管约3 mL。于121 ℃灭菌15 min,制成高层斜面。冷却后呈橘红色。如不立即使用,在2～8 ℃条件下可储存一个月。

D.5　营养琼脂斜面

D.5.1　成分

蛋白胨10.0 g,牛肉膏3.0 g,氯化钠5.0 g,琼脂15.0 g,蒸馏水1000.0 mL。

D.5.2　制法

将除琼脂以外的各成分溶解于蒸馏水内,加入15%氢氧化钠溶液约2 mL,冷却至25 ℃左右校正 pH 至7.0±0.2。加入琼脂,加热煮沸,使琼脂溶化。分装小号试管,每管约3 mL。于121 ℃灭菌15 min,制成斜面。

注:如不立即使用,在2～8 ℃条件下可储存二周。

D.6　半固体琼脂

D.6.1　成分

蛋白胨 1.0 g,牛肉膏 0.3 g,氯化钠 0.5 g,琼脂 0.3～0.7 g,蒸馏水 100.0 mL。

D.6.2　制法

按以上成分配好,加热溶解,并校正 pH 至 7.4±0.2,分装小试管,121 ℃灭菌 15 min,直立凝固备用。

D.7　葡萄糖铵培养基

D.7.1　成分

氯化钠 5.0 g,硫酸镁(MgSO$_4$·7H$_2$O)0.2 g,磷酸二氢铵 1.0 g,磷酸氢二钾 1.0 g,葡萄糖 2.0 g,琼脂 20.0 g,0.2%溴麝香草酚蓝水溶液 40.0 mL,蒸馏水 1000.0 mL。

D.7.2　制法

先将盐类和糖溶解于水内,校正 pH 至 6.8±0.2,再加琼脂加热溶解,然后加入指示剂。混合均匀后分装试管,121 ℃高压灭菌 15 min。制成斜面备用。

D.7.3　试验方法

用接种针轻轻触及培养物的表面,在盐水管内做成极稀的悬液,肉眼观察不到混浊,以每一接种环内含菌数在 20～100 之间为宜。将接种环灭菌后挑取菌液接种,同时再以同法接种普通斜面一支作为对照。于(36±1)℃培养 24 h。阳性者葡萄糖铵斜面上有正常大小的菌落生长;阴性者不生长,但在对照培养基上生长良好。如在葡萄糖铵斜面生长极微小的菌落可视为阴性结果。

注:容器使用前应用清洁液浸泡。再用清水、蒸馏水冲洗干净,并用新棉花做成棉塞,干热灭菌后使用。如果操作时不注意,有杂质污染时,易造成假阳性的结果。

D.8　尿素琼脂

D.8.1　成分

蛋白胨 1.0 g,氯化钠 5.0 g,葡萄糖 1.0 g,磷酸二氢钾 2.0 g,0.4%酚红溶液 3.0 mL,琼脂 20.0 g,20%尿素溶液 100.0 mL,蒸馏水 900.0 mL。

D.8.2　制法

除酚红和尿素外的其他成分加热溶解,冷却至 25 ℃左右校正 pH 至 7.2±0.2,加入酚红指示剂,混匀,于 121 ℃灭菌 15 min。冷至约 55 ℃,加入用 0.22 μm 过滤膜除菌后的 20%尿素水溶液 100 mL,混匀,以无菌操作分装灭菌试管,每管约 3～4 mL,制成斜面后放冰箱备用。

D.8.3　试验方法

挑取琼脂培养物接种,在 36 ℃±1 ℃培养 24 h,观察结果。尿素酶阳性者由于产碱而使培养基变为红色。

D.9　β-半乳糖苷酶培养基

D.9.1　液体法(ONPG 法)

D.9.1.1　成分

邻硝基苯 β-D-半乳糖苷(ONPG)60.0 mg,0.01 mol/L 磷酸钠缓冲液(pH=7.5±

0.2)10.0 mL,1%蛋白胨水(pH=7.5±0.2)30.0 mL。

D.9.1.2　制法

将 ONPG 溶于缓冲液内,加入蛋白胨水,以过滤法除菌,分装于 10 mm×75 mm 试管内,每管 0.5 mL,用橡皮塞塞紧。

D.9.1.3　试验方法

自琼脂斜面挑取培养物一满环接种,于 36 ℃±1 ℃培养 1~3 h 和 24 h 观察结果。如果 β-D-半乳糖苷酶产生,则于 1~3 h 黄色,如无此酶则 24 h 变色。

D.9.2　平板法(X-Gal 法)

D.9.2.1　成分

蛋白胨 20.0 g,氯化钠 3.0 g,5-溴-4-氯-3-吲哚-β-D-半乳糖苷(X-Gal)200.0 mg,琼脂 15.0 g,蒸馏水 1000.0 mL。

D.9.2.2　制法

将各成分(D.9.2.1)加热煮沸于 1 L 水中,冷却至 25 ℃左右校正 pH 至 7.2±0.2,115 ℃高压灭菌 10 min。倾注平板避光冷藏备用。

D.9.2.3　试验方法

挑取琼脂斜面培养物接种于平板,划线和点种均可,于 36 ℃±1 ℃培养 18~24 h 观察结果。如果 β-D-半乳糖苷酶产生,则平板上培养物颜色变蓝色,如无此酶则培养物为无色或不透明色,培养 48~72 h 后有部分转为淡粉红色。

D.10　氨基酸脱羧酶试验培养基

D.10.1　成分

蛋白胨 5.0 g,酵母浸膏 3.0 g,葡萄糖 1.0 g,1.6%溴甲酚紫-乙醇溶液 1.0 mL,L 型或 DL 型赖氨酸和鸟氨酸 0.5 g/100 mL 或 1.0 g/100 mL,蒸馏水 1000.0 mL。

D.10.2　制法

除氨基酸以外的成分加热溶解后,分装每瓶 100 mL,分别加入赖氨酸和鸟氨酸。L-氨基酸按 0.5%加入,DL-氨基酸按 1%加入,再校正 pH 至 6.8±0.2。对照培养基不加氨基酸。分装于灭菌的小试管内,每管 0.5 mL,上面滴加一层石蜡油,115 ℃高压灭菌 10 min。

D.10.3　试验方法

从琼脂斜面上挑取培养物接种,于 36 ℃±1 ℃培养 18~24 h,观察结果。氨基酸脱羧酶阳性者由于产碱,培养基应呈紫色。阴性者无碱性产物,但因葡萄糖产酸而使培养基变为黄色。阴性对照管应为黄色,空白对照管为紫色。

D.11　糖发酵管

D.11.1　成分

牛肉膏 5.0 g,蛋白胨 10.0 g,氯化钠 3.0 g,磷酸氢二钠(Na$_2$HPO$_4$·12H$_2$O)2.0 g,0.2%溴麝香草酚蓝溶液 12.0 mL,蒸馏水 1000.0 mL。

D.11.2 制法

D.11.2.1

葡萄糖发酵管按上述成分配好后,按0.5%加入葡萄糖,25 ℃左右校正pH至7.4±0.2,分装于有一个倒置小管的小试管内,121 ℃高压灭菌15 min。

D.11.2.2

其他各种糖发酵管可按上述成分配好后,分装每瓶100 mL,121 ℃高压灭菌15 min。另将各种糖类分别配成10%溶液,同时高压灭菌。将5 mL糖溶液加入于100 mL培养基内,以无菌操作分装小试管。

注:蔗糖不纯,加热后会自行水解者,应采用过滤法除菌。

D.11.3 试验方法

从琼脂斜面上挑取小量培养物接种,于36 ℃±1 ℃培养,一般观察2～3 d。迟缓反应需观察14～30 d。

D.12 西蒙氏柠檬酸盐培养基

D.12.1 成分

氯化钠5.0 g,硫酸镁($MgSO_4 \cdot 7H_2O$)0.2 g,磷酸二氢铵1.0 g,磷酸氢二钾1.0 g,柠檬酸钠5.0 g,琼脂20 g,0.2%溴麝香草酚蓝溶液40.0 mL,蒸馏水1000.0 mL。

D.12.2 制法

先将盐类溶解于水内,调至pH=6.8±0.2,加入琼脂,加热溶化。然后加入指示剂,混合均匀后分装试管,121 ℃灭菌15 min。制成斜面备用。

D.12.3 试验方法

挑取少量琼脂培养物接种,于36 ℃±1 ℃培养4 d,每天观察结果。阳性者斜面上有菌落生长,培养基从绿色转为蓝色。

D.13 黏液酸盐培养基

D.13.1 测试肉汤

D.13.1.1 成分

酪蛋白胨10.0 g,溴麝香草酚蓝溶液0.024 g,蒸馏水1000.0 mL,黏液酸10.0 g。

D.13.1.2 制法

慢慢加入5 N氢氧化钠以溶解黏液酸,混匀。

其余成分加热溶解,加入上述黏液酸,冷却至25 ℃左右校正pH至7.4±0.2,分装试管,每管约5 mL,于121 ℃高压灭菌10 min。

D.13.2 质控肉汤

D.13.2.1 成分

酪蛋白胨10.0 g,溴麝香草酚蓝溶液0.024 g,蒸馏水1000.0 mL。

D.13.2.2 制法

所有成分加热溶解,冷却至25 ℃左右校正pH至7.4±0.2,分装试管,每管约5 mL,于121 ℃高压灭菌10 min。

D.13.3 试验方法

将待测新鲜培养物接种测试肉汤(D.13.1)和质控肉汤(D.13.2),于 36 ℃±1 ℃培养 48 h 观察结果,肉汤颜色蓝色不变则为阴性结果,黄色或稻草黄色为阳性结果。

D.14　蛋白胨水、靛基质试剂

D.14.1　成分

蛋白胨(或胰蛋白胨)20.0 g,氯化钠 5.0 g,蒸馏水 1000.0 mL,pH=7.4。

D.14.2　制法

按上述成分配制,分装小试管,121 ℃高压灭菌 15 min。

注:此试剂在 2~8 ℃条件下可储存一个月。

D.14.3　靛基质试剂

D.14.3.1　柯凡克试剂

将 5 g 对二甲氨基苯甲醛溶解于 75 mL 戊醇中。然后缓慢加入浓盐酸 25 mL。

D.14.3.2　欧-波试剂

将 1 g 对二甲氨基苯甲醛溶解于 95 mL 95% 乙醇内。然后缓慢加入浓盐酸 20 mL。

D.14.4　试验方法

挑取少量培养物接种,在 36 ℃±1 ℃培养 1~2 d,必要时可培养 4~5 d。加入柯凡克试剂约 0.5 mL,轻摇试管,阳性者于试剂层呈深红色;或加入欧-波试剂约 0.5 mL,沿管壁流下,覆盖于培养液表面,阳性者于液面接触处呈玫瑰红色。

注:蛋白胨中应含有丰富的色氨酸。每批蛋白胨买来后,应先用已知菌种鉴定后方可使用,此试剂在 2~8 ℃条件下可储存一个月。

任务五　食品中致泻大肠埃希氏菌检验

一、概念

大肠埃希氏菌通常被称作大肠杆菌,分类上属于肠杆菌科,埃希氏菌属,在自然界中分布广泛,土壤、水环境中均可检出,是人类和动物肠道菌群的主要成员每克粪便中含有 10^9 个菌,可以随粪便排出,进入自然环境。该菌由 Escherich 于 1885 年发现,很长时间内,该菌一直被认为是正常肠道菌群的组成部分,为非致病菌,直到 20 世纪中期,才发现一些特殊血清型的大肠杆菌对人和动物有病原性,尤其对婴儿和幼畜,常引起严重的腹泻和败血症,因此,把能够导致机体发病的大肠埃希氏菌统称为致泻性大肠埃希氏菌。

案例:小细菌引发大危害

大肠埃希氏菌特性

二、材料与仪器

（一）实验设备

除微生物实验室常规灭菌及培养设备外,其他设备和材料如下:

①恒温培养箱:36 ℃±1 ℃,42 ℃±1 ℃。②冰箱:2~5 ℃。③恒温水浴箱:50 ℃±1 ℃,100 ℃或适配 1.5 mL 或 2.0 mL 金属浴(95~100 ℃)。④电子天平:感量为 0.1 g 和 0.01 g。⑤显微镜:10×~100×。⑥均质器。⑦振荡器。⑧无菌吸管:1 mL(具 0.01 mL 刻度),10 mL(具 0.1 mL 刻度)或微量移液器及吸头。⑨无菌均质杯或无菌均质袋:容量 500 mL。⑩无菌培养皿:直径 90 mm。⑪pH 计或精密 pH 试纸。⑫微量离心管:1.5 mL 或 2.0 mL。⑬接种环:1 μL。⑭低温高速离心机:转速≥13000 r/min,控温 4~8 ℃。⑮微生物鉴定系统。⑯PCR 仪。⑰微量移液器及吸头:0.5~2 μL,2~20 μL,20~200 μL,200~1000 μL。⑱水平电泳仪:包括电源、电泳槽、制胶槽(长度>10 cm)和梳子。⑲8 联排管和 8 联排盖(平盖/凸盖)。⑳凝胶成像仪。

（二）培养基和试剂

①营养肉汤。②肠道菌增菌肉汤。③麦康凯琼脂(MAC)。④伊红美蓝琼脂(EMB)。⑤三糖铁(TSI)琼脂。⑥蛋白胨水、靛基质试剂。⑦半固体琼脂。⑧尿素琼脂(pH=7.2)。⑨氰化钾(KCN)培养基。⑩氧化酶试剂。⑪革兰氏染色液。⑫BHI 肉汤。⑬福尔马林(含 38%~40% 甲醛)。⑭鉴定试剂盒。⑮大肠埃希氏菌诊断血清。⑯灭菌去离子水。⑰0.85% 灭菌生理盐水。⑱TE(pH=8.0)。⑲10×PCR 反应缓冲液。⑳25 mmol/L MgCl$_2$。㉑dNTPs:dATP、dTTP、dGTP、dCTP 每种浓度为 2.5 mmol/L。㉒5 U/L Taq 酶。㉓引物。㉔50×TAE 电泳缓冲液。㉕琼脂糖。㉖溴化乙锭(EB)或其他核酸染料。㉗6×上样缓冲液。㉘Marker:分子量包含 100 bp、200 bp、300 bp、400 bp、500 bp、600 bp、700 bp、800 bp、900 bp、1000 bp、1500 bp 条带。㉙致泻大肠埃希氏菌 PCR 试剂盒各种培养基和试剂的成分、制法及试验方法见附录 E。

三、检验程序

致泻大肠埃希氏菌检验程序见图 3-6。

四、操作步骤

（一）样品制备

1. 固态或半固态样品

固体或半固态样品,以无菌操作称取检样 25 g,加入装有 225 mL 营养肉汤的均质杯中,用旋转刀片式均质器以 8000~10000 r/min 均质 1~2 min;或加入装有 225 mL 营养肉汤的均质袋中,用拍击式均质器均质 1~2 min。

2. 液态样品

以无菌操作量取检样 25 mL,加入装有 225 mL 营养肉汤的无菌锥形瓶(瓶内可预置适当数量的无菌玻璃珠),振荡混匀。

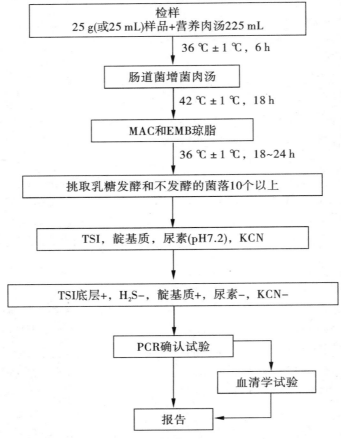

图3-6 致泻大肠埃希氏菌检验程序

(二)增菌

将制备的样品匀液于(36±1)℃培养6 h。取10 μL,接种于30 mL肠道菌增菌肉汤管内,于42 ℃±1 ℃培养18 h。

(三)分离

将增菌液划线接种MAC和EMB琼脂平板,于(36±1)℃培养18~24 h,观察菌落特征。

在MAC琼脂平板上,分解乳糖的典型菌落为砖红色至桃红色,不分解乳糖的菌落为无色或淡粉色;

在EMB琼脂平板上,分解乳糖的典型菌落为中心紫黑色带或不带金属光泽,不分解乳糖的菌落为无色或淡粉色。

大肠埃希氏菌在不同选择性平板上的菌落特征见表3-12。

表 3-12 大肠埃希氏菌在不同选择性平板上的菌落特征

选择性琼脂平板	菌落特征
麦康凯琼脂	大肠杆菌发酵乳糖,在麦康凯琼脂上呈桃红色不透明菌落
伊红美蓝琼脂	黑紫色或红紫色,圆形,边缘整齐,表面光滑湿润,常具有金属光泽,也有的呈紫黑色,不带或略带金属光泽,或粉红色,中心较深的菌落
O157 显色培养基	肠出血性大肠杆菌 O157:H7 呈紫红色或浅紫色菌落
山梨醇麦康凯琼脂	肠出血性大肠杆菌 O157:H7 呈不发酵山梨醇的乳白色菌落或迟缓发酵山梨醇的红色菌落

（四）生化试验

（1）选取平板上可疑菌落 10 ~ 20 个（10 个以下全选），应挑取乳糖发酵,以及乳糖不发酵和迟缓发酵的菌落,分别接种 TSI 斜面。同时将这些培养物分别接种蛋白胨水、尿素琼脂（pH = 7.2）和 KCN 肉汤。于（36±1）℃培养 18 ~ 24 h。

（2）TSI 斜面产酸或不产酸,底层产酸,靛基质阳性,H_2S 阴性和尿素酶阴性的培养物为大肠埃希氏菌。TSI 斜面底层不产酸,或 H_2S、KCN、尿素有任一项为阳性的培养物,均非大肠埃希氏菌。必要时做革兰氏染色和氧化酶试验。大肠埃希氏菌为革兰氏阴性杆菌,氧化酶阴性。

（3）如选择生化鉴定试剂盒或微生物鉴定系统,可从营养琼脂平板上挑取经纯化的可疑菌落用无菌稀释液制备成浊度适当的菌悬液,使用生化鉴定试剂盒或微生物鉴定系统进行鉴定。

（五）PCR 确认试验

（六）血清学试验（选做项目）

PCR 确认试验

血清学试验

五、结果与报告

（一）报告内容

（1）根据生化试验、PCR 确认试验的结果,报告 25 g（或 25 mL）样品中检出或未检出某类致泻大肠埃希氏菌。

（2）如果进行血清学试验,根据血清学试验的结果,报告 25 g（或 25 mL）样品中检出的某类致泻大肠埃希氏菌血清型别。

（二）结果记录

将检验结果记录于表3-13中。

表3-13　致泻大肠埃希氏菌检验结果记录

样品编号				检验日期		
检验依据	GB 4789.6—2016					
检验环境	温度:℃　湿度:%RH					
仪器设备名称、规格型号、精度、编号						
样品复苏	____月___日_____无菌操作,将待检样品磁珠置于10 mL无菌营养肉汤中于(36±1)℃培养6 h。					
增菌	____月___日_____按无菌操作取待检肉汤10 μL,接种于30 mL肠道菌增菌肉汤管内,于42 ℃±1 ℃培养18 h。					
分离培养	检验项目			现象		结果
分离培养	MAC琼脂平板	要求	(36±1)℃,18～24 h			
分离培养	MAC琼脂平板	培养	____日___时 至____日___时			
分离培养	EMB琼脂平板	要求	(36±1)℃,18～24 h			
分离培养	EMB琼脂平板	培养	____日___时 至____日___时			
生化试验	检验项目			现象		结果
生化试验	TSI琼脂	要求	(36±1)℃,18～24 h			
生化试验	TSI琼脂	培养	____日___时 至____日___时			
生化试验	检验项目		现象			结果
生化试验	蛋白胨水					
生化试验	尿素					
生化试验	KCN肉汤					
生化试验	水杨苷					
PCR试验						
血清学试验						
检验结果	样品中致泻大肠埃希氏菌					
备注						

六、注意事项

（1）大肠杆菌在某些食品中的抵抗力（如含亚硝酸盐的咸食物）或对某些处理过程的抵抗力弱于致病菌，当它与致病菌同时存在时，只有在食品受污染后要马上检验才能保证大肠杆菌的计数结果与粪便的污染成正比，如果受污染的食品不立即取样检验，经储存或放置后食品的检验结果可能产生以下问题：

1）大肠杆菌可能全部死亡，检测不出起始的粪便污染，就会误认为其他肠道菌也已被全部杀死。

2）大肠杆菌的数量与被污染时的数量大致相同，但却不能说其他肠道菌也与刚污染时一样。

3）大肠杆菌已经生长并增殖，在这种情况下，必须假设适合大肠杆菌生长繁殖的环境也适合其他致病菌的生长繁殖，所以，即使大量检出大肠杆菌，也不能说食品的粪便污染是近期的或者严重的。

（2）典型的大肠杆菌 IMViC 试验结果为"++--"或"-+--"。该结果表示食品已经被粪便污染，有传播肠道传染病的危险。

【拓展提高】

致泻大肠埃希氏菌其他检验方法

致泻大肠埃希氏菌其他检验方法

附录 E：培养基和试剂

E.1　营养肉汤

E.1.1　成分

蛋白胨 10.0 g，牛肉膏 3.0 g，氯化钠 5.0 g，蒸馏水 1000 mL。

E.1.2　制法

将以上成分混合加热溶解，冷却至 25 ℃左右校正 pH 至 7.4±0.2，分装适当的容器。121 ℃灭菌 15 min。

E.2　肠道菌增菌肉汤

E.2.1　成分

蛋白胨 10.0 g，葡萄糖 5.0 g，牛胆盐 20.0 g，磷酸氢二钠 8.0 g，磷酸二氢钾 2.0 g，煌绿 0.015 g，蒸馏水 1000 mL。

E.2.2 制法

将以上成分混合加热溶解,冷却至 25 ℃左右校正 pH 至 7.2±0.2,分装每瓶 30 mL。115 ℃灭菌 20 min。

E.3 麦康凯琼脂(MAC)

E.3.1 成分

蛋白胨 20.0 g,乳糖 10.0 g,3 号胆盐 1.5 g,氯化钠 5.0 g,中性红 0.03 g,结晶紫 0.001 g,琼脂 15.0 g,蒸馏水 1000 mL。

E.3.2 制法

将以上成分混合加热溶解,校正 pH 至 7.2±0.2。121 ℃高压灭菌 15 min。冷却至 45～50 ℃,倾注平板。

注:如不立即使用,在 2～8 ℃条件下可储存两周。

E.4 伊红美蓝(EMB)琼脂

E.4.1 成分

蛋白胨 10.0 g,乳糖 10.0 g,磷酸氢二钾(K_2HPO_4)2.0 g,琼脂 15.0 g,2%伊红 Y 水溶液 20.0 mL,0.5%美蓝水溶液 13.0 mL,蒸馏水 1000 mL。

E.4.2 制法

在 1000 mL 蒸馏水中煮沸溶解蛋白胨、磷酸盐和乳糖,加水补足,冷却至 25 ℃左右校正 pH 至 7.1±0.2。再加入琼脂,121 ℃高压灭菌 15 min。冷至 45～50 ℃,加入 2%伊红 Y 水溶液和 0.5%美蓝水溶液,摇匀,倾注平皿。

E.5 三糖铁琼脂(TSI)

E.5.1 成分

蛋白胨 20.0 g,牛肉浸膏 5.0 g,乳糖 10.0 g,蔗糖 10.0 g,葡萄糖 1.0 g,硫酸亚铁铵$[(NH_4)_2Fe(SO_4)_2 \cdot 6H_2O]$0.2 g,氯化钠 5.0 g,硫代硫酸钠 0.2 g,酚红 0.025 g,琼脂 12.0 g,蒸馏水 1000 mL。

E.5.2 制法

除酚红和琼脂外,将其他成分加于 400 mL 水中,搅拌均匀,静置约 10 min,加热使完全溶化,冷却至 25 ℃左右校正 pH 至 7.4±0.2。另将琼脂加于 600 mL 水中,静置约 10 min,加热使完全溶化。将两溶液混合均匀,加入 5%酚红水溶液 5 mL,混匀,分装小号试管,每管约 3 mL。于 121 ℃灭菌 15 min,制成高层斜面。冷却后呈橘红色。如不立即使用,在 2～8 ℃条件下可储存一个月。

E.6 蛋白胨水、靛基质试剂

E.6.1 成分

胰蛋白胨 20.0 g,氯化钠 5.0 g,蒸馏水 1000 mL。

E.6.2 制法

将以上成分混合加热溶解,冷却至 25 ℃左右校正 pH 至 7.4±0.2,分装小试管,121 ℃高压灭菌 15 min。

注:此试剂在 2～8 ℃条件下可储存一个月。

E.6.3　靛基质试剂

E.6.3.1　柯凡克试剂

将5 g对二甲氨基苯甲醛溶解于75 mL戊醇中。然后缓慢加入浓盐酸25 mL。

E.6.3.2　欧-波试剂

将1 g对二甲氨基苯甲醛溶解于95 mL95%乙醇内。然后缓慢加入浓盐酸20 mL。

E.6.4　试验方法

挑取少量培养物接种,在(36±1)℃培养1~2 d,必要时可培养4~5 d。加入柯凡克试剂约0.5 mL,轻摇试管,阳性者于试剂层呈深红色;或加入欧-波试剂约0.5 mL,沿管壁流下,覆盖于培养液表面,阳性者于液面接触处呈玫瑰红色。

E.7　半固体琼脂

E.7.1　成分

蛋白胨1.0 g,牛肉膏0.3 g,氯化钠0.5 g,琼脂0.3~0.5 g,蒸馏水100.0 mL。

E.7.2　制法

按以上成分配好,加热溶解,冷却至25 ℃左右校正pH至7.4±0.2,分装小试管。121 ℃灭菌15 min,直立凝固备用。

E.8　尿素琼脂(pH=7.2)

E.8.1　成分

蛋白胨1.0 g,氯化钠5.0 g,葡萄糖1.0 g,磷酸二氢钾2.0 g,0.4%酚红3.0 mL,琼脂20.0 g,20%尿素溶液100.0 mL,蒸馏水1000 mL。

E.8.2　制法

除酚红、尿素和琼脂外的其他成分加热溶解,冷却至25 ℃左右校正pH至7.2±0.2,加入酚红指示剂,混匀,于121 ℃灭菌15 min。冷至约55 ℃,加入用0.22 μm过滤膜除菌后的20%尿素水溶液100 mL,混匀,以无菌操作分装灭菌试管,每管3~4 mL,制成斜面后放冰箱备用。

E.8.3　试验方法

挑取琼脂培养物接种,在(36±1)℃培养24 h,观察结果。尿素酶阳性者由于产碱而使培养基变为红色。

E.9　氰化钾(KCN)培养基

E.9.1　成分

蛋白胨10.0 g,氯化钠5.0 g,磷酸二氢钾0.225 g,磷酸氢二钠5.64 g,0.5%氰化钾20.0 mL,蒸馏水1000 mL。

E.9.2　制法

将除氰化钾以外的成分加入蒸馏水中,煮沸溶解,分装后121 ℃高压灭菌15 min。放在冰箱内使其充分冷却。每100 mL培养基加入0.5%氰化钾溶液2.0 mL(最后浓度为1:10000),分装于无菌试管内,每管约4 mL,立刻用无菌橡皮塞塞紧,放在4 ℃冰箱内,至少可保存两个月。同时,将不加氰化钾的培养基作为对照培养基,分装试管备用。

E.9.3　试验方法

将琼脂培养物接种于蛋白胨水内成为稀释菌液,挑取 1 环接种于氰化钾(KCN)培养基。并另挑取 1 环接种于对照培养基。在(36±1)℃培养 1~2 d,观察结果。如有细菌生长即为阳性(不抑制),经 2 d 细菌不生长为阴性(抑制)。

注:氰化钾是剧毒药,使用时应小心,切勿沾染,以免中毒。夏天分装培养基应在冰箱内进行。试验失败的主要原因是封口不严,氰化钾逐渐分解,产生氢氰酸气体逸出,以致药物浓度降低,细菌生长,因而造成假阳性反应。试验时对每一环节都要特别注意。

E.10   氧化酶试剂

E.10.1   成分
N,N'-二甲基对苯二胺盐酸盐或 N,N,N',N'-四甲基对苯二胺盐酸盐 1.0 g,蒸馏水 100 mL。

E.10.2   制法
少量新鲜配制,于 2~8 ℃冰箱内避光保存,在 7 d 内使用。

E.10.3   试验方法
用无菌棉拭子取单个菌落,滴加氧化酶试剂,10 s 内呈现粉红或紫红色即为氧化酶试验阳性,不变色者为氧化酶试验阴性。

E.11   革兰氏染色液

E.11.1   结晶紫染色液

E.11.1.1   成分
结晶紫 1.0 g,95% 乙醇 20.0 mL,1% 草酸铵水溶液 80.0 mL。

E.11.1.2   制法
将结晶紫完全溶解于乙醇中,然后与草酸铵溶液混合。

E.11.2   革兰氏碘液

E.11.2.1   成分
碘 1.0 g,碘化钾 2.0 g,蒸馏水 300 mL。

E.11.2.2   制法
将碘与碘化钾先行混合,加入蒸馏水少许充分振摇,待完全溶解后,再加蒸馏水至 300 mL。

E.11.3   沙黄复染液

E.11.3.1   成分
沙黄 0.25 g,95% 乙醇 10.0 mL,蒸馏水 90.0 mL。

E.11.3.2   制法
将沙黄溶解于乙醇中,然后用蒸馏水稀释。

E.11.4   染色法

E.11.4.1   涂片在火焰上固定,滴加结晶紫染液,染 1 min,水洗。

E.11.4.2   滴加革兰氏碘液,作用 1 min,水洗。

E.11.4.3   滴加 95% 乙醇脱色 15~30 s,直至染色液被洗掉,不要过分脱色,水洗。

E.11.4.4   滴加复染液,复染 1 min,水洗、待干、镜检。

E.12　BHI 肉汤

E.12.1　成分

小牛脑浸液 200 g,牛心浸液 250 g,蛋白胨 10.0 g,NaCl 5.0 g,葡萄糖 2.0 g,磷酸氢二钠(Na_2HPO_4)2.5 g,蒸馏水 1000 mL。

E.12.2　制法

按以上成分配好,加热溶解,冷却至 25 ℃ 左右校正 pH 至 7.4±0.2,分装小试管。121 ℃ 灭菌 15 min。

E.13　TE(pH=8.0)

E.13.1　成分

1 mol/L Tris-HCl(pH=8.0)10.0 mL,0.5 mol/L EDTA(pH=8.0)2.0 mL,灭菌去离子水 988 mL。

E.13.2　制法

将 1 mol/L Tris-HCl 缓冲液(pH=8.0)、0.5 mol/L EDTA 溶液(pH=8.0)加入约 800 mL 灭菌去离子水均匀,再定容至 1000 mL,121 ℃ 高压灭菌 15 min,4 ℃ 保存。

E.14　10×PCR 反应缓冲液

E.14.1　成分

1 mol/L Tris-HCl(pH=8.5)840 mL,氯化钾(KCl)37.25 g,灭菌去离子水 160 mL。

E.14.2　制法

将氯化钾溶于 1 mol/L Tris-HCl(pH=8.5),定容至 1000 mL,121 ℃ 高压灭菌 15 min,分装后于-20 ℃ 保存。

E.15　50×TAE 电泳缓冲液

E.15.1　成分

Tris 242.0 g,EDTA-2Na($Na_2EDTA \cdot 2H_2O$)37.2 g,冰乙酸(CH_3COOH)57.1 mL,灭菌去离子水 942.9 mL。

E.15.2　制法

Tris 和 EDTA-2Na 溶于 800 mL 灭菌去离子水,充分搅拌均匀;加入冰乙酸,充分溶解;用 1 mol/L NaOH 调 pH 至 8.3,定容至 1 L 后,室温保存。使用时稀释 50 倍即为 1×TAE 电泳缓冲液。

E.16　6×上样缓冲液

E.16.1　成分

溴酚蓝 0.5 g,二甲苯氰 FF 0.5 g,0.5 mol/L EDTA(pH=8.0)0.06 mL,甘油 360 mL,灭菌去离子水 640 mL。

E.16.2　制法

0.5 mol/L TDTA(pH=8.0)溶于 500 mL 灭菌去离子水中,加入溴酚蓝和二甲苯氰 FF 溶解,与甘油混合,定容至 1000 mL,分装后于 4 ℃ 保存。

任务五　食品中金黄色葡萄球菌检验

一、概念

金黄色葡萄球菌,隶属于葡萄球菌属,有"嗜肉菌"的别称,为革兰氏阳性球菌,镜检时成单个、成对、四联或不规则的簇群,如葡萄状,故称为葡萄球菌。大多数菌株产生类胡萝卜素,使细胞团呈现出深橙色到浅黄色,色素的产生取决于生长的条件,故称为"金黄色葡萄球菌"。金黄色葡萄球菌也称"金葡菌",是人类的一种重要病原菌。

二、材料与仪器

(一)设备

除微生物实验室常规灭菌及培养设备外,其他设备和材料如下:
①恒温培养箱:(36±1)℃。②冰箱:2～5℃。③恒温水浴箱:36～56℃。④天平:感量0.1 g。⑤均质器。⑥振荡器。⑦无菌吸管:1 mL(具0.01 mL刻度)、10 mL(具0.1 mL刻度)或微量移液器及吸头。⑧无菌锥形瓶:容量100 mL、500 mL。⑨无菌培养皿:直径90 mm。⑩涂布棒。⑪pH计或pH比色管或精密pH试纸。

(二)培养基和试剂

①7.5% 氯化钠肉汤。②血琼脂平板。③Baird-Parker琼脂平板。④脑心浸出液肉汤(BHI)。⑤兔血浆。⑥稀释液:磷酸盐缓冲液。⑦营养琼脂小斜面。⑧革兰氏染色液。⑨无菌生理盐水。
各种培养基和试剂的成分、制法及试验方法见附录F。

三、定性检验

(一)检验程序(图3-7)

(二)方法与步骤

1. 样品的处理

称取25 g样品至盛有225 mL 7.5%氯化钠肉汤的无菌均质杯内,8000～10000 r/min均质1～2 min,或放入盛有225 mL7.5%氯化钠肉汤无菌均质袋中,用拍击式均质器拍打1～2 min。若样品为液态,吸取25 mL样品至盛有225 mL7.5%氯化钠肉汤的无菌锥形瓶(瓶内可预置适当数量的无菌玻璃珠)中,振荡混匀。

2. 增菌

将上述样品匀液于(36±1)℃培养18～24 h。金黄色葡萄球菌在7.5%氯化钠肉汤中呈混浊生长。

3. 分离

将增菌后的培养物,分别划线接种到Baird-Parker平板和血平板,血平板(36±1)℃

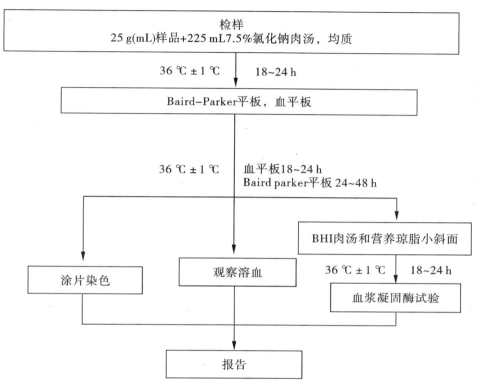

图 3-7　金黄色葡萄球菌检验程序

培养 18～24 h。Baird-Parker 平板(36±1)℃培养 24～48 h。

（三）初步鉴定

金黄色葡萄球菌在 Baird-Parker 平板上呈圆形，表面光滑、凸起、湿润、菌落直径为 2～3 mm，颜色呈灰黑色至黑色，有光泽，常有浅色(非白色)的边缘，周围绕以不透明圈（沉淀），其外常有一清晰带。当用接种针触及菌落时具有黄油样黏稠感。有时可见到不分解脂肪的菌株，除没有不透明圈和清晰带外，其他外观基本相同。从长期储存的冷冻或脱水食品中分离的菌落，其黑色常较典型菌落浅些，且外观可能较粗糙，质地较干燥。在血平板上，形成菌落较大，圆形、光滑凸起、湿润、金黄色(有时为白色)，菌落周围可见完全透明溶血圈。挑取上述可疑菌落进行革兰氏染色镜检及血浆凝固酶试验。

（四）确证鉴定

1. 染色镜检

金黄色葡萄球菌为革兰氏阳性球菌，排列呈葡萄球状，无芽孢，无荚膜，直径为 0.5～1 μm。

2. 血浆凝固酶试验

挑取 Baird-Parker 平板或血平板上至少 5 个可疑菌落(小于 5 个全选)，分别接种到 5 mL BHI 和营养琼脂小斜面，(36±1)℃培养 18～24 h。

取新鲜配制兔血浆 0.5 mL,放入小试管中,再加入 BHI 培养物 0.2~0.3 mL,振荡摇匀,置(36±1)℃温箱或水浴箱内,每半小时观察一次,观察 6 h,如呈现凝固(即将试管倾斜或倒置时,呈现凝块)或凝固体积大于原体积的一半,被判定为阳性结果。同时以血浆凝固酶试验阳性和阴性葡萄球菌菌株的肉汤培养物作为对照。也可用商品化的试剂,按说明书操作,进行血浆凝固酶试验。

结果如可疑,挑取营养琼脂小斜面的菌落到 5 mL BHI,(36±1)℃培养 18~48 h,重复试验。

(五)结果与报告

1.结果判定

符合(三)(四),可判定为金黄色葡萄球菌。

2.结果报告

在 25 g(mL)样品中检出或未检出金黄色葡萄球菌。

(六)归纳总结

1.结果记录

在 25 g(mL)样品中检出或未检出金黄色葡萄球菌。

2.注意事项

对于血浆凝固酶实验:不凝固判断为阴性反应;如有明显的块状凝固、巨大凝固、完全凝固倒置不流动这三种情况,均可判断为阳性反应。

四、平板计数法检验

(一)检验程序(图 3-18)

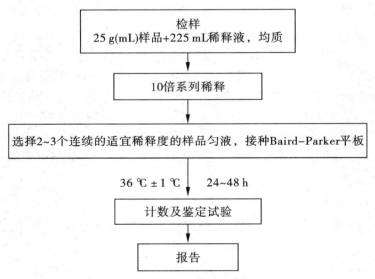

图 3-8   金黄色葡萄球菌平板计数法检验程序

（二）操作步骤

1.样品的稀释

（1）固体和半固体样品：称取25 g样品置于盛有225 mL磷酸盐缓冲液或生理盐水的无菌均质杯内，8000～10000 r/min均质1～2 min，或置于盛有225 mL稀释液的无菌均质袋中，用拍击式均质器拍打1～2 min，制成1∶10的样品匀液。

（2）液体样品：以无菌吸管吸取25 mL样品置于盛有225 mL磷酸盐缓冲液或生理盐水的无菌锥形瓶（瓶内预置适当数量的无菌玻璃珠）中，充分混匀，制成1∶10的样品匀液。

（3）用1 mL无菌吸管或微量移液器吸取1∶10样品匀液1 mL，沿管壁缓慢注于盛有9 mL磷酸盐缓冲液或生理盐水的无菌试管中（注意吸管或吸头尖端不要触及稀释液面），振摇试管或换用1支1 mL无菌吸管反复吹打使其混合均匀，制成1∶100的样品匀液。

（4）按上述（3）操作程序，制备10倍系列稀释样品匀液。每递增稀释一次，换用1次1 mL无菌吸管或吸头。

2.样品的接种

根据对样品污染状况的估计，选择2～3个适宜稀释度的样品匀液（液体样品可包括原液），在进行10倍递增稀释的同时，每个稀释度分别吸取1 mL样品匀液以0.3 mL、0.3 mL、0.4 mL接种量分别加入三块Baird-Parker平板，然后用无菌涂布棒涂布整个平板，注意不要触及平板边缘。使用前，如Baird-Parker平板表面有水珠，可放在25～50 ℃的培养箱里干燥，直到平板表面的水珠消失。

3.培养

在通常情况下，涂布后，将平板静置10 min，如样液不易吸收，可将平板放在培养箱（36±1）℃培养1 h，等样品匀液吸收后翻转平板，倒置后于（36±1）℃培养24～48 h。

4.典型菌落计数和确认

（1）金黄色葡萄球菌在Baird-Parker平板上呈圆形，表面光滑、凸起、湿润、菌落直径为2～3 mm，颜色呈灰黑色至黑色，有光泽，常有浅色（非白色）的边缘，周围绕以不透明圈（沉淀），其外常有一清晰带。当用接种针触及菌落时具有黄油样黏稠感。有时可见到不分解脂肪的菌株，除没有不透明圈和清晰带外，其他外观基本相同。从长期储存的冷冻或脱水食品中分离的菌落，其黑色常较典型菌落浅些，且外观可能较粗糙，质地较干燥。

（2）选择有典型的金黄色葡萄球菌菌落的平板，且同一稀释度3个平板所有菌落数合计在20～200 CFU之间的平板，计数典型菌落数。

（3）从典型菌落中至少选5个可疑菌落（小于5个全选）进行鉴定试验。分别做染色镜检，血浆凝固酶试验；同时划线接种到血平板（36±1）℃培养18～24 h后观察菌落形态，金黄色葡萄球菌菌落较大，圆形、光滑凸起、湿润、金黄色（有时为白色），菌落周围可见完全透明溶血圈。

（三）结果计算

（1）若只有一个稀释度平板的典型菌落数在20～200 CFU，计数该稀释度平板上的典型菌落,按下列公式(1)计算。

(2)若最低稀释度平板的典型菌落数小于 20 CFU,计数该稀释度平板上的典型菌落,按公式(1)计算。

(3)若某一稀释度平板的典型菌落数大于 200 CFU,但下一稀释度平板上没有典型菌落,计数该稀释度平板上的典型菌落,按公式(1)计算。

(4)若某一稀释度平板的典型菌落数大于 200 CFU,而下一稀释度平板上虽有典型菌落但不在 20~200 CFU 范围内,应计数该稀释度平板上的典型菌落,按公式(1)计算。

(5)若 2 个连续稀释度的平板典型菌落数均在 20~200 CFU,按公式(2)计算。

(四)计算公式

$$T = \frac{AB}{Cd} \tag{1}$$

式中　T——样品中金黄色葡萄球菌菌落数;

A——某一稀释度典型菌落的总数;

B——某一稀释度鉴定为阳性的菌落数;

C——某一稀释度用于鉴定试验的菌落数;

d——稀释因子。

$$T = \frac{A_1B_1/C_1 + A_2B_2/C_2}{1.1d} \tag{2}$$

式中:T——样品中金黄色葡萄球菌菌落数;

A_1——第一稀释度(低稀释倍数)典型菌落的总数;

B_1——第一稀释度(低稀释倍数)鉴定为阳性的菌落数;

C_1——第一稀释度(低稀释倍数)用于鉴定试验的菌落数;

A_2——第二稀释度(高稀释倍数)典型菌落的总数;

B_2——第二稀释度(高稀释倍数)鉴定为阳性的菌落数;

C_2——第二稀释度(高稀释倍数)用于鉴定试验的菌落数;

1.1——计算系数;

d——稀释因子(第一稀释度)。

(五)结果与报告

根据(四)中公式计算结果,报告每克(毫升)样品中金黄色葡萄球菌数,以 CFU/g(mL)表示;如 T 值为 0,则以小于 1 乘以最低稀释倍数报告。

五、MPN 计数法检验

(一)检验程序(图 3-9)

(二)操作步骤

1.样品的稀释

(1)固体和半固体样品:称取 25 g 样品置于盛有 225 mL 磷酸盐缓冲液或生理盐水的无菌均质杯内,8000~10000 r/min 均质 1~2 min,或置于盛有 225 mL 稀释液的无菌均质

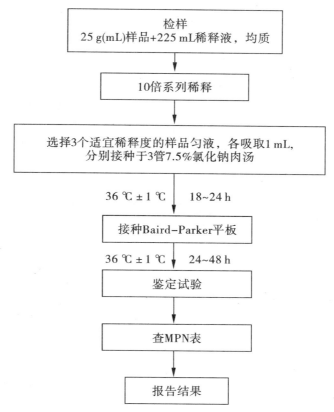

图3-9　金黄色葡萄球菌 MPN 法检验程序

袋中,用拍击式均质器拍打 1~2 min,制成 1：10 的样品匀液。

（2）液体样品:以无菌吸管吸取 25 mL 样品置于盛有 225 mL 磷酸盐缓冲液或生理盐水的无菌锥形瓶（瓶内预置适当数量的无菌玻璃珠）中,充分混匀,制成 1：10 的样品匀液。

（3）用 1 mL 无菌吸管或微量移液器吸取 1：10 样品匀液 1 mL,沿管壁缓慢注于盛有 9 mL 磷酸盐缓冲液或生理盐水的无菌试管中（注意吸管或吸头尖端不要触及稀释液面）,振摇试管或换用 1 支 1 mL 无菌吸管反复吹打使其混合均匀,制成 1：100 的样品匀液。

（4）按（3）操作程序,制备 10 倍系列稀释样品匀液。每递增稀释一次,换用 1 次1 mL 无菌吸管或吸头。

2. 接种和培养

（1）根据对样品污染状况的估计,选择 3 个适宜稀释度的样品匀液（液体样品可包括原液）,在进行 10 倍递增稀释的同时,每个稀释度分别接种 1 mL 样品匀液至 7.5% 氯化钠肉汤管（如接种量超过 1 mL,则用双料 7.5% 氯化钠肉汤）,每个稀释度接种 3 管,将上述接种物（36±1）℃培养 18~24 h。

(2)用接种环从培养后的 7.5% 氯化钠肉汤管中分别取培养物 1 环,移种于 Baird-Parker 平板(36±1)℃培养,24~48 h。

3.典型菌落确认

(1)金黄色葡萄球菌在 Baird-Parker 平板上呈圆形,表面光滑、凸起、湿润、菌落直径为 2~3 mm,颜色呈灰黑色至黑色,有光泽,常有浅色(非白色)的边缘,周围绕以不透明圈(沉淀),其外常有一清晰带。当用接种针触及菌落时具有黄油样黏稠感。有时可见到不分解脂肪的菌株,除没有不透明圈和清晰带外,其他外观基本相同。从长期储存的冷冻或脱水食品中分离的菌落,其黑色常较典型菌落浅些,且外观可能较粗糙,质地较干燥。

(2)从典型菌落中至少选 5 个可疑菌落(小于 5 个全选)进行鉴定试验。分别做染色镜检、血浆凝固酶试验;同时划线接种到血平板(36±1)℃培养 18~24 h 后观察菌落形态,金黄色葡萄球菌菌落较大,圆形、光滑凸起、湿润、金黄色(有时为白色),菌落周围可见完全透明溶血圈。

(三)结果与报告

根据证实为金黄色葡萄球菌阳性的试管管数,查 MPN 检索表(同表 3-1 大肠菌群 MPN 检索表),报告每克(毫升)样品中金黄色葡萄球菌的最可能数,以 MPN/g(mL)表示。

附录 F:培养基和试剂

F.1　7.5% 氯化钠肉汤

F.1.1　成分
蛋白胨 10.0 g,牛肉膏 5.0 g,氯化钠 75 g,蒸馏水 1000 mL。

F.1.2　制法
将上述成分加热溶解,调节 pH 至 7.4±0.2,分装,每瓶 225 mL,121 ℃高压灭菌 15 min。

F.2　血琼脂平板

F.2.1　成分
豆粉琼脂(pH=7.5±0.2)100 mL,脱纤维羊血(或兔血)5~10 mL。

F.2.2　制法
加热溶化琼脂,冷却至 50 ℃,以无菌操作加入脱纤维羊血,摇匀,倾注平板。

F.3　Baird-Parker 琼脂平板

F.3.1　成分
胰蛋白胨 10 0 g,牛肉膏 5.0 g,酵母膏 1.0 g,丙酮酸钠 10.0 g,甘氨酸 12.0 g,氯化锂(LiCl·6H_2O)5.0 g,琼脂 20.0 g,蒸馏水 950 mL。

F.3.2　增菌剂的配法
30% 卵黄盐水 50 mL 与通过 0.22 μm 孔径滤膜进行过滤除菌的 1% 亚碲酸钾溶液 10 mL 混合,保存于冰箱内。

F.3.3　制法

将各成分加到蒸馏水中,加热煮沸至完全溶解,调 pH 至 7.0±0.2。分装每瓶 95 mL,121 ℃ 高压灭菌 15 min。临用时加热溶化琼脂,冷至 50 ℃,每 95 mL 加入预热至 50 ℃ 的卵黄亚碲酸钾增菌剂 5 mL 摇匀后倾注平板。培养基应是致密不透明的。使用前在冰箱储存不得超过 48 h。

F.4　脑心浸出液肉汤(BHI)

F.4.1　成分

胰蛋白质胨 10.0 g,氯化钠 5.0 g,磷酸氢二钠(12H$_2$O)2.5 g,葡萄糖 2.0 g,牛心浸出液 500 mL。

F.4.2　制法

加热溶解,调 pH 至 7.4±0.2,分装 16 mm×160 mm 试管,每管 5 mL 置 121 ℃,15 min 灭菌。

F.5　兔血浆

取柠檬酸钠 3.8 g,加蒸馏水 100 mL,溶解后过滤,装瓶,121 ℃ 高压灭菌 15 min。兔血浆制备:取 3.8% 柠檬酸钠溶液一份,加兔全血 4 份,混好静置(或 3000 r/min 离心 30 min),使血液细胞下降,即可得血浆。

F.6　磷酸盐缓冲液

F.6.1　成分

磷酸二氢钾(KH$_2$PO$_4$)34.0 g,蒸馏水 500 mL。

F.6.2　制法

储存液:称取 34.0 g 的磷酸二氢钾溶于 500 mL 蒸馏水中,用大约 175 mL 的 1 mol/L 氢氧化钠溶液调节 pH 至 7.2,用蒸馏水稀释至 1000 mL 后储存于冰箱。

稀释液:取储存液 1.25 mL,用蒸馏水稀释至 1000 mL,分装于适宜容器中,121 ℃ 高压灭菌 15 min。

F.7　营养琼脂小斜面

F.7.1　成分

蛋白胨 10.0 g,牛肉膏 3.0 g,氯化钠 5.0 g,琼脂 15.0～20.0 g,蒸馏水 1000 mL。

F.7.2　制法

将除琼脂以外的各成分溶解于蒸馏水内,加入 15% 氢氧化钠溶液约 2 mL 调节 pH 至 7.3±0.2。加入琼脂,加热煮沸,使琼脂溶化,分装 13 mm×130 mm 试管,121 ℃ 高压灭菌 15 min。

F.8　革兰氏染色液

F.8.1　结晶紫染色液

F.8.1.1　成分

结晶紫 1.0 g,95% 乙醇 20.0 mL,1% 草酸铵水溶液 80.0 mL。

F.8.1.2　制法

将结晶紫完全溶解于乙醇中,然后与草酸铵溶液混合。

F.8.2　革兰氏碘液

F.8.2.1　成分

碘 1.0 g,碘化钾 2.0 g,蒸馏水 300 mL。

F.8.2.2　制法

将碘与碘化钾先行混合,加入蒸馏水少许充分振摇,待完全溶解后,再加蒸馏水至300 mL。

F.8.3　沙黄复染液

F.8.3.1　成分

沙黄 0.25 g,95% 乙醇 10.0 mL,蒸馏水 90.0 mL。

F.8.3.2　制法

将沙黄溶解于乙醇中,然后用蒸馏水稀释。

F.8.4　染色法

涂片在火焰上固定,滴加结晶紫染液,染 1 min,水洗;

滴加革兰氏碘液,作用 1 min,水洗;

滴加95% 乙醇脱色15～30 s,直至染色液被洗掉,不要过分脱色,水洗;

滴加复染液,复染 1 min,水洗、待干、镜检。

F.9　无菌生理盐水

F.9.1　成分

氯化钠 8.5 g,蒸馏水 1000 mL。

F.9.2　制法

称取 8.5 g 氯化钠溶于 1000 mL 蒸馏水中,121 ℃高压灭菌 15 min。

任务六　食品中肉毒梭菌及肉毒毒素检验

一、概念

肉毒梭状杆菌,又叫肉毒梭菌,是一种革兰氏阳性厌氧杆菌,其生长繁殖及产毒的最适温度为 18～30 ℃。当 pH 值低于 4.5 或大于 9.0 时,或当环境温度低于 15 ℃或高于 55 ℃时,肉毒梭菌芽孢不能繁殖,也不能产生毒素。

肉毒杆菌

二、材料与仪器

(一)实验设备

除微生物实验室常规灭菌及培养设备外,其他设备和材料如下:

①冰箱:2～5 ℃、–20 ℃。②天平:感量 0.1 g。③无菌手术剪、镊子、试剂勺。④均质器或无菌乳钵。⑤离心机:3000 r/min、14000 r/min。⑥厌氧培养装置。⑦恒温培养箱:35 ℃±1 ℃、28 ℃±1 ℃。⑧恒温水浴箱:37 ℃±1 ℃、60 ℃±1 ℃、80 ℃±1 ℃。⑨显

微镜:10~100 倍。⑩PCR 仪。⑪电泳仪或毛细管电泳仪。⑫凝胶成像系统或紫外检测仪。⑬核酸蛋白分析仪或紫外分光光度计。⑭可调微量移液器:0.2~2 μL、2~20 μL、20~200 μL、100~1000 μL。⑮无菌吸管:1.0 mL、10.0 mL、25.0 mL。⑯无菌锥形瓶:100 mL。⑰培养皿:直径 90 mm。⑱离心管:50 mL、1.5 mL。⑲PCR 反应管。⑳无菌注射器:1.0 mL。㉑小鼠:15~20 g,每一批次试验应使用同一品系的 KM 或 ICR 小鼠。

(二)培养基和试剂

除另有规定外,PCR 试验所用试剂为分析纯或符合生化试剂标准,水应符合 GB/T6682 中一级水的要求。

①庖肉培养基。②胰蛋白酶胰蛋白胨葡萄糖酵母膏肉汤(TPGYT)。③卵黄琼脂培养基。④明胶磷酸盐缓冲液。⑤革兰氏染色液。⑥10% 胰蛋白酶溶液。⑦磷酸盐缓冲液(PBS)。⑧1 mol/L 氢氧化钠溶液。⑨1 mol/L 盐酸溶液。⑩肉毒毒素诊断血清。⑪无水乙醇和 95% 乙醇。⑫10 mg/mL 溶菌酶溶液。⑬10 mg/mL 蛋白酶 K 溶液。⑭3 mol/L 乙酸钠溶液(pH=5.2)。⑮TE 缓冲液。⑯引物:根据表 3-21 中序列合成,临用时用超纯水配制引物浓度为 10 μmol/L。⑰10×PCR 缓冲液。⑱25 mmol/L $MgCl_2$。⑲dNTPs:dATP、dTTP、dCTP、dGTP。⑳Taq 酶。㉑琼脂糖:电泳级。㉒溴化乙锭或 Goldview。㉓5×TBE 缓冲液。㉔6×加样缓冲液。㉕DNA 分子量标准。

各种培养基和试剂的成分、制法及试验方法见附录 G。

三、检验程序

如图 3-10 所示。

四、方法与步骤

(一)样品制备

1. 样品保存

待检样品应放置 2~5 ℃冰箱冷藏。

2. 固态与半固态食品

固体或游离液体很少的半固态食品,以无菌操作称取样品 25 g,放入无菌均质袋或无菌乳钵,块状食品以无菌操作切碎,含水量较高的固态食品加入 25 mL 明胶磷酸盐缓冲液,乳粉、牛肉干含水量低的食品加入 50 mL 明胶磷酸盐缓冲液,浸泡 30 min,用拍击式均质器拍打 2 min 或用无菌研杵研磨制备样品匀液,收集备用。

3. 液态食品

液态食品摇匀,以无菌操作量取 25 mL 检验。

4. 剩余样品处理

取样后的剩余样品放 2~5 ℃冰箱冷藏,直至检验结果报告发出后,按感染性废弃物要求进行无害化处理,检出阳性的样品应采用压力蒸汽灭菌方式进行无害化处理。

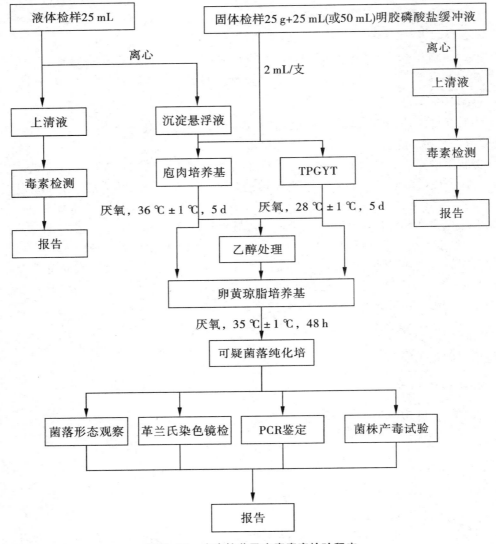

图 3-10　肉毒梭菌及肉毒毒素检验程序

(二)肉毒毒素检测

1. 毒素液制备

取样品匀液约 40 mL 或均匀液体样品 25 mL 放入离心管,3000 r/min 离心 10~20 min,收集上清液分为两份放入无菌试管中,一份直接用于毒素检测,一份用于胰酶处理后进行毒素检测。液体样品保留底部沉淀及液体约 12 mL,重悬,制备沉淀悬浮液备用。

胰酶处理:用 1 mol/L 氢氧化钠或 1 mol/L 盐酸调节上清液 pH 至 6.2,按 9 份上清液加 1 份 10% 胰酶(活力 1:250)水溶液,混匀,37 ℃ 孵育 60 min,期间轻轻摇动反应液。

2. 检出试验

用 5 号针头注射器分别取离心上清液和胰酶处理上清液腹腔注射小鼠 3 只,每只 0.5 mL,观察和记录小鼠 48 h 内的中毒表现。典型肉毒毒素中毒症状多在 24 h 内出现,通常在 6 h 内发病和死亡,其主要表现为竖毛、四肢瘫软,呼吸困难,呈现风箱式呼吸、腰腹部凹陷、宛如峰腰,多因呼吸衰竭而死亡,可初步判定为肉毒毒素所致。若小鼠在 24 h 后发病或死亡,应仔细观察小鼠症状,必要时浓缩上清液重复试验,以排除肉毒毒素中毒。若小鼠出现猝死(30 min 内)导致症状不明显时,应将毒素上清液进行适当稀释,重复试验。

3. 确证试验

上清液或(和)胰酶处理上清液的毒素试验阳性者,取相应试验液 3 份,每份 0.5 mL,其中第一份加等量多型混合肉毒毒素诊断血清,混匀,37 ℃孵育 30 min;第二份加等量明胶磷酸盐缓冲液,混匀后煮沸 10 min;第三份加等量明胶磷酸盐缓冲液,混匀。将三份混合液分别腹腔注射小鼠各两只,每只 0.5 mL,观察 96 h 内小鼠的中毒和死亡情况。

结果判定:若注射第一份和第二份混合液的小鼠未死亡,而第三份混合液小鼠发病死亡,并出现肉毒毒素中毒的特有症状,则判定检测样品中检出肉毒毒素。

4. 毒力测定(选做项目)

取确证试验阳性的试验液,用明胶磷酸盐缓冲液稀释制备一定倍数稀释液,如 10 倍、50 倍、100 倍、500 倍等,分别腹腔注射小鼠各两只,每只 0.5 mL,观察和记录小鼠发病与死亡情况至 96 h,计算最低致死剂量(MLD/mL 或 MLD/g),评估样品中肉毒毒素毒力,MLD 等于小鼠全部死亡的最高稀释倍数乘以样品试验液稀释倍数。例如,样品稀释两倍制备的上清液,再稀释 100 倍试验液使小鼠全部死亡,而 500 倍稀释液组存活,则该样品毒力为 200MLD/g。

5. 定型试验(选做项目)

根据毒力测定结果,用明胶磷酸盐缓冲液将上清液稀释至 10MLD/ ~ 1000MLD/mL 作为定型试验液,分别与各单型肉毒毒素诊断血清等量混合(国产诊断血清一般为冻干血清,用 1 mL 生理盐水溶解),37 ℃孵育 30 min,分别腹腔注射小鼠两只,每只 0.5 mL,观察和记录小鼠发病与死亡情况至 96 h。同时,用明胶磷酸盐缓冲液代替诊断血清,与试验液等量混合作为小鼠试验对照。

结果判定:某一单型诊断血清组动物未发病且正常存活,而对照组和其他单型诊断血清组动物发病死亡,则判定样品中所含肉毒毒素为该型肉毒毒素。

注:未经胰酶激活处理的样品上清液的毒素检出试验或确证试验为阳性者,则毒力测定和定型试验可省略胰酶激活处理试验。

(三)肉毒梭菌检验

1. 增菌培养与检出试验

(1)取出庖肉培养基 4 支和 TPGY 肉汤管 2 支,隔水煮沸 10 ~ 15 min,排除溶解氧,迅速冷却,切勿摇动,在 TPGY 肉汤管中缓慢加入胰酶液至液体石蜡液面下肉汤中,每支 1 mL,制备成 TPGYT。

(2)吸取样品匀液或毒素制备过程中的离心沉淀悬浮液 2 mL 接种至庖肉培养基中,

每份样品接种4支,2支直接放置35 ℃±1 ℃厌氧培养至5 d,另2支放80 ℃保温10 min,再放置35 ℃±1 ℃厌氧培养至5d;同样方法接种2支TPGYT肉汤管,28 ℃±1 ℃厌氧培养至5 d。

注:接种时,用无菌吸管轻轻吸取样品匀液或离心沉淀悬浮液,将吸管口小心插入肉汤管底部,缓缓放出样液至肉汤中,切勿搅动或吹气。

(3)检查记录增菌培养物的浊度、产气、肉渣颗粒消化情况,并注意气味。肉毒梭菌培养物为产气、肉汤浑浊(庖肉培养基中A型和B型肉毒梭菌肉汤变黑)、消化或不消化肉粒、有异臭味。

(4)取增菌培养物进行革兰氏染色镜检,观察菌体形态,注意是否有芽孢、芽孢的相对比例、芽孢在细胞内的位置。

(5)若增菌培养物5 d无菌生长,应延长培养至10 d,观察生长情况。

(6)取增菌培养物阳性管的上清液,按(二)方法进行毒素检出和确证试验,必要时进行定型试验,阳性结果可证明样品中有肉毒梭菌存在。

注:TPGYT增菌液的毒素试验无须添加胰酶处理。

2. 分离与纯化培养

(1)增菌液前处理,吸取1 mL增菌液至无菌螺旋帽试管中,加入等体积过滤除菌的无水乙醇,混匀,在室温下放置1 h。

(2)取增菌培养物和经乙醇处理的增菌液分别划线接种至卵黄琼脂平板,35 ℃±1 ℃厌氧培养48 h。

(3)观察平板培养物菌落形态,肉毒梭菌菌落隆起或扁平、光滑或粗糙,易成蔓延生长,边缘不规则,在菌落周围形成乳色沉淀晕圈(E型较宽,A型和B型较窄),在斜视光下观察,菌落表面呈现珍珠样虹彩,这种光泽区可随蔓延生长扩散到不规则边缘区外的晕圈。

(4)菌株纯化培养,在分离培养平板上选择5个肉毒梭菌可疑菌落,分别接种卵黄琼脂平板,35 ℃±1 ℃,厌氧培养48 h,按上一步(3)观察菌落形态及其纯度。

3. 鉴定试验

(1)染色镜检。挑取可疑菌落进行涂片、革兰氏染色和镜检,肉毒梭菌菌体形态为革兰氏阳性粗大杆菌、芽孢卵圆形、大于菌体、位于次端、菌体呈网球拍状。

(2)毒素基因检测。

1)菌株活化:挑取可疑菌落或待鉴定菌株接种TPGY,35 ℃±1 ℃厌氧培养24 h。

2)DNA模板制备:吸取TPGY培养液1.4 mL至无菌离心管中,14000×g离心2 min,弃上清,加入1.0 mL PBS悬浮菌体,14000×g离心2 min,弃上清,用400 μL PBS重悬沉淀,加入10 mg/mL溶菌酶溶液100 μL,摇匀,37 ℃水浴15 min,加入10 mg/mL蛋白酶K溶液10 μL,摇匀,60 ℃水浴1h,再沸水浴10 min,14000×g离心2 min,上清液转移至无菌小离心管中,加入3 mol/L NaAc溶液50 μL和95%乙醇1.0 mL,摇匀,−70 ℃或−20 ℃放置30 min,14000×g离心10 min,弃去上清液,沉淀干燥后溶于200 μL TE缓冲液,置于−20 ℃保存备用。

注:根据实验室实际情况,也可采用常规水煮沸法或商品化试剂盒制备DNA模板。

3)核酸浓度测定(必要时):取 5 μLDNA 模板溶液,加超纯水稀释至 1 mL,用核酸蛋白分析仪或紫外分光光度计分别检测 260 nm 和 280 nm 波段的吸光值 A_{260} 和 A_{280}。按下式(3)计算 DNA 浓度。当浓度在 0.34 ~ 340 μg/mL 或 A_{260}/A_{280} 比值在 1.7 ~ 1.9 之间时,适宜于 PCR 扩增。

$$C = A_{260} \times N \times 50 \tag{3}$$

式中　C——DNA 浓度,单位为微克每毫升(μg/mL);

A_{260}——260 nm 处的吸光值;

N——核酸稀释倍数。

4)PCR 扩增:

①分别采用针对各型肉毒梭菌毒素基因设计的特异性引物(见表 3-14)进行 PCR 扩增,包括 A 型肉毒毒素(bont/A)、B 型肉毒毒素(bont/B)、E 型肉毒毒素(bont/E)和 F 型肉毒毒素(bont/F),每个 PCR 反应管检测一种型别的肉毒梭菌。

表 3-14　肉毒梭菌毒素基因 PCR 检测的引物序列及其产物

检测肉毒梭菌类型	引物序列	扩增长度/bp
A 型	F5'-GTGATACAACCAGATGGTAGTTATAG-3' R5'-AAAAAACAAGTCCCAATTATTAACTTT-3'	983
B 型	F5'-GAGATGTTTGTGAATATTATGATCCAG-3' R5'-GTTCATGCATTAATATCAAGGCTGG-3'	492
E 型	F5'-CCAGGCGGTTGTCAAGAATTTTAT-3' R5'-TCAAATAAATCAGGCTCTGCTCCC-3'	410
F 型	F5'-GCTTCATTAAAGAACGGAAGCAGTGCT-3' R5'-GTGGCGCCTTTGTACCTTTTCTAGG-3'	1137

②反应体系配制见表 3-15,反应体系中各试剂的量可根据具体情况或不同的反应总体积进行相应调整。

表 3-15　肉毒梭菌毒素基因 PCR 检测的反应体系

试剂	终浓度	加入体积/μL
10×PCR 缓冲液	1×	5.0
25 mmol/L MgCl₂	2.5 mmol/L	5.0
10 mmol/L dNTPs	0.2 mmol/L	1.0
10 μmol/L 正向引物	0.5 μmol/L	2.5
10 μmol/L 反向引物	0.5 μmol/L	2.5
5 U/μL Taq 酶	0.05 U/μL	0.5

试剂	终浓度	加入体积/μL
DNA 模板	—	1.0
ddH$_2$O	—	32.5
总体积	—	50.0

③反应程序,预变性 95 ℃、5 min;循环参数 94 ℃、1 min,60 ℃、1 min,72 ℃、1 min;循环数 40;后延伸 72 ℃,10 min;4 ℃保存备用。

④PCR 扩增体系应设置阳性对照、阴性对照和空白对照。用含有已知肉毒梭菌菌株或含肉毒毒素基因的质控品作阳性对照、非肉毒梭菌基因组 DNA 作阴性对照、无菌水作空白对照。

5)凝胶电泳检测 PCR 扩增产物,用0.5×TBE 缓冲液配制 1.2% ~1.5% 的琼脂糖凝胶,凝胶加热融化后冷却至60 ℃左右加入溴化乙锭至0.5 μg/mL 或 Goldview 5 μL/100 mL 制备胶块,取 10 μL PCR 扩增产物与 2.0 μL 6×加样缓冲液混合,点样,其中一孔加入 DNA 分子量标准。0.5×TBE 电泳缓冲液,10 V/cm 恒压电泳,根据溴酚蓝的移动位置确定电泳时间,用紫外检测仪或凝胶成像系统观察和记录结果。

PCR 扩增产物也可采用毛细管电泳仪进行检测。

6)结果判定,阴性对照和空白对照均未出现条带,阳性对照出现预期大小的扩增条带(见表 3-14),判定本次 PCR 检测成立;待测样品出现预期大小的扩增条带,判定为 PCR 结果阳性,根据相关表判定肉毒梭菌菌株型别,待测样品未出现预期大小的扩增条带,判定 PCR 结果为阴性。

(3)菌株产毒试验。将 PCR 阳性菌株或可疑肉毒梭菌菌株接种庖肉培养基或 TPGYT 肉汤(用于 E 型肉毒梭菌),按[(三)1 中(2)]条件厌氧培养 5 d,按[(二)肉毒毒素检测]中的方法进行毒素检测和(或)定型试验,毒素确证试验阳性者,判定为肉毒梭菌,根据定型试验结果判定肉毒梭菌型别。

注:根据 PCR 阳性菌株型别,可直接用相应型别的肉毒毒素诊断血清进行确证试验。

五、结果与报告

(一)肉毒毒素检测结果报告

根据[(二)2]和[(二)3]试验结果,报告 25 g(mL)样品中检出或未检出肉毒毒素。

根据[(二)5]定型试验结果,报告 25 g(mL)样品中检出某型肉毒毒素。

(二)肉毒梭菌检验结果报告

根据(三)各项试验结果,报告样品中检出或未检出肉毒梭菌或检出某型肉毒梭菌。

六、注意事项

肉毒梭菌广泛分布于土壤、淤泥及动物粪便中,其中土壤是重要污染源,它可借助食品、农作物、水果、海产品、昆虫、禽类等传播到各处。食品在加工、储藏过程中被肉毒梭菌污染,并产生毒素,食前对带有毒素的食品又未加热或未充分加热,因而引起中毒。

肉毒毒素对热很不稳定,通常75~85 ℃,加热30 min或100 ℃,10 min可被破坏。但肉毒杆菌芽孢能耐高温。

附录G:培养基和试剂

G.1 庖肉培养基

G.1.1 成分

新鲜牛肉500.0 g,蛋白胨30.0 g,酵母浸膏5.0 g,磷酸二氢钠5.0 g,葡萄糖3.0 g,可溶性淀粉2.0 g,蒸馏水1000.0 mL。

G.1.2 制法

称取新鲜除去脂肪与筋膜的牛肉500.0 g,切碎,加入蒸馏水1000 mL和1 mol/L氢氧化钠溶液25 mL,搅拌煮沸15 min,充分冷却,除去表层脂肪,纱布过滤并挤出肉渣余液,分别收集肉汤和碎肉渣。

在肉汤中加入成分表中其他物质并用蒸馏水补足至1000 mL,调节pH至7.4±0.1,肉渣凉至半干。

在20 mm×150 mm试管中先加入碎肉渣1~2 cm高,每管加入还原铁粉0.1~0.2 g或少许铁屑,再加入配制肉汤15 mL,最后加入液体石蜡覆盖培养基0.3~0.4 cm,121 ℃高压蒸汽灭菌20 min。

G.2 胰蛋白酶胰蛋白胨葡萄糖酵母膏肉汤(TPGYT)

G.2.1 基础成分(TPGY肉汤)

胰酪胨50.0 g,蛋白胨5.0 g,酵母浸膏20.0 g,葡萄糖4.0 g,硫乙醇酸钠1.0 g,蒸馏水1000.0 mL。

G.2.2 胰酶液

称取胰酶(1:250)1.5 g,加入100 mL蒸馏水中溶解,膜过滤除菌,4 ℃保存备用。

G.2.3 制法

将G.2.1中成分溶于蒸馏水中,调节pH至7.2±0.1,分装20 mm×150 mm试管,每管15 mL,加入液体石蜡覆盖培养基0.3~0.4 cm,121 ℃高压蒸汽灭菌10 min。冰箱冷藏,两周内使用。临用接种样品时,每管加入胰酶液1.0 mL。

G.3 卵黄琼脂培养基

G.3.1 基础培养基成分

酵母浸膏5.0 g,胰胨5.0 g,胨20.0 g,氯化钠5.0 g,琼脂20.0 g,蒸馏水1000.0 mL。

G.3.2 卵黄乳液

用硬刷清洗鸡蛋2~3个,沥干,杀菌消毒表面,无菌打开,取出内容物,弃去蛋白,用无菌注射器吸取蛋黄,放入无菌容器中,加等量无菌生理盐水,充分混合调匀,4 ℃保存备用。

G.3.3 制法

将G.3.1中成分溶于蒸馏水中,调节pH至7.0±0.2,分装锥形瓶,121 ℃高压蒸汽灭菌15 min,冷却至50 ℃左右,按每100 mL基础培养基加入15 mL卵黄乳液,充分混匀,倾注平板,35 ℃培养24 h进行无菌检查后,冷藏备用。

G.4 明胶磷酸盐缓冲液

G.4.1 成分

明胶2.0 g,磷酸氢二钠(Na_2HPO_4)4.0 g,蒸馏水1000.0 mL。

G.4.2 制法

将G.4.1中成分溶于蒸馏水中,调节pH至6.2,121 ℃高压蒸汽灭菌15 min。

G.5 革兰氏染色

G.5.1 结晶紫染色液

G.5.1.1 成分

结晶紫1.0 g,95%乙醇20.0 mL,1%草酸铵水溶液80.0 mL。

G.5.1.2 制法

将结晶紫完全溶于乙醇中,再与草酸铵溶液混合。

G.5.2 革兰氏碘液

G.5.2.1 成分

碘1.0 g,碘化钾2.0 g,蒸馏水300.0 mL。

G.5.2.2 制法

将碘和碘化钾混合,加入少许蒸馏水充分振摇,待完全溶解后,再加蒸馏水至300 mL。

G.5.3 沙黄复染液

G.5.3.1 成分

沙黄0.25 g,95%乙醇10.0 mL,蒸馏水90.0 mL。

G.5.3.2 制法

将沙黄溶于乙醇中,再加蒸馏水至100 mL。

G.5.4 染色方法

涂片在酒精灯火焰上固定,滴加结晶紫染色液覆盖,染色1 min,水洗;滴加革兰氏碘液覆盖,作用1 min,水洗;滴加95%乙醇脱色15~30 s(可将乙醇覆盖整个涂片,立即倾去,再用乙醇覆盖涂片,作用约10 s,倾去脱色液,滴加乙醇从涂片流下至出现无色为止),水洗;滴加沙黄复染液覆盖,染色1 min,水洗,待干、镜检。

G.6 胰蛋白酶溶液

G.6.1 成分

胰蛋白酶(1:250)10.0 g,蒸馏水100.0 mL。

G.6.2 制法

将胰蛋白酶溶于蒸馏水中,膜过滤除菌,4 ℃保存备用。

G.7 磷酸盐缓冲液(PBS)

G.7.1 成分

氯化钠7.650 g,磷酸氢二钠0.724 g,磷酸二氢钾0.210 g,超纯水1000.0 mL。

G.7.2 制法

准确称取 G.7.1 中化学试剂,溶于超纯水中,测试 pH=7.4。

任务七 食品中产气荚膜梭菌检验

一、概念

产气荚膜梭菌为厌氧革兰氏阴性粗大芽孢杆菌,曾称魏氏梭菌或产气荚膜杆菌,产气荚膜梭菌是临床上气性坏疽病原菌中最多见的一种梭菌,因能分解肌肉和结缔组织中的糖,产生大量气体,导致组织严重气肿,继而影响血液供应,造成组织大面积坏死,加之本菌在体内能形成荚膜,故名产气荚膜梭菌。在烹调食物中很少产生芽孢,而在肠道中却容易形成芽孢。产气荚膜梭菌食物中毒为该菌生产的肠毒素所引起的。该毒素抵抗弱,加热至 60 ℃、45 min 后丧失活性,而 100 ℃瞬时可破坏它的毒性。但该毒素对胰蛋白酶和木瓜蛋白酶有抵抗性。该菌除了能产生外毒素外,还产生多种侵袭菌,其荚膜也构成强大的侵袭力,是气性坏疽的主要原菌。

二、材料与仪器

除微生物实验室常规灭菌及培养设备外,其他设备和材料如下:

(一)实验设备

①恒温培养箱:(36±1)℃。②冰箱:2~5 ℃。③恒温水浴箱:50 ℃±1 ℃,46 ℃±0.5 ℃。④天平:感量 0.1 g。⑤均质器。⑥显微镜:10×~100×。⑦无菌吸管:1 mL(具0.01 mL 刻度)、10 mL(具 0.1 mL 刻度)或微量移液器及吸头。⑧无菌试管:18 mm×180 mm。⑨无菌培养皿:直径 90 mm。⑩pH 计或 pH 比色管或精密 pH 试纸。⑪厌氧培养装置。

(二)培养基和试剂

①胰胨-亚硫酸盐-环丝氨酸(TSC)琼脂。②液体硫乙醇酸盐培养基(FTG)。③缓冲动力-硝酸盐培养基。④乳糖-明胶培养基。⑤含铁牛乳培养基。⑥0.1% 蛋白胨水。⑦革兰氏染色液。⑧硝酸盐还原试剂。⑨缓冲甘油-氯化钠溶液。

各种培养基和试剂的成分、制法及试验方法见附录 H。

三、检验程序

如图 3-11 所示。

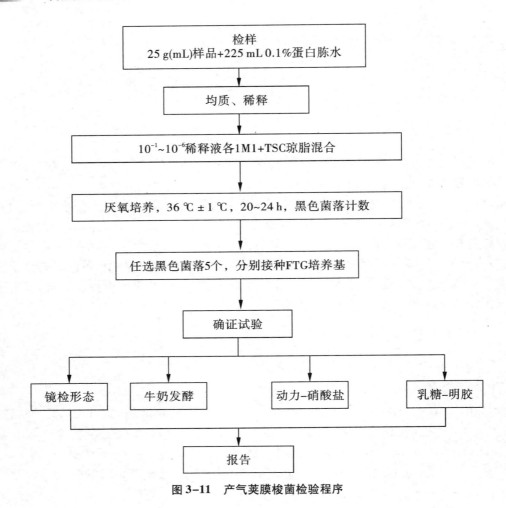

图 3-11 产气荚膜梭菌检验程序

四、方法与步骤

(一) 操作步骤

1. 样品制备

(1) 样品采集后应尽快检验,若不能及时检验,可在 2~5 ℃保存;如 8 h 内不能进行检验,应以无菌操作称取 25 g(mL)样品加入等量缓冲甘油-氯化钠溶液(液体样品应加双料),并尽快置于-60 ℃低温冰箱中冷冻保存或加干冰保存。

(2) 以无菌操作称取 25 g(mL)样品放入含有 225 mL 0.1% 蛋白胨水(如为(1)中冷冻保存样品,室温解冻后,加入 200 mL 0.1% 蛋白胨水)的均质袋中,在拍击式均质器上连续均质 1~2 min;或置于盛有 225 mL 0.1% 蛋白胨水的均质杯中,8000~10000 r/min均质 1~2 min,作为 1:10 稀释液。

(3) 以上述 1:10 稀释液按 1 mL 加 0.1% 蛋白胨水 9 mL 制备 $10^{-2}~10^{-6}$ 的系列稀释液。

2.培养

（1）吸取各稀释液 1 mL 加入无菌平皿内，每个稀释度做两个平行。每个平皿倾注冷却至 50 ℃ 的 TSC 琼脂（可放置于 50 ℃±1 ℃ 恒温水浴箱中保温）15 mL，缓慢旋转平皿，使稀释液和琼脂充分混匀。

（2）上述琼脂平板凝固后，再加 10 mL 冷却至 50 ℃ 的 TSC 琼脂（可放置于 50 ℃±1 ℃ 恒温水浴箱中保温）均匀覆盖平板表层。

（3）待琼脂凝固后，正置于厌氧培养装置内，(36±1)℃ 培养 20～24 h。

（4）典型的产气荚膜梭菌在 TSC 琼脂平板上为黑色菌落。

3.确证试验

（1）从单个平板上任选 5 个（小于 5 个全选）黑色菌落，分别接种到 FTG 培养基，(36±1)℃ 培养 18～24 h。

（2）用上述培养液涂片，革兰氏染色镜检并观察其纯度。产气荚膜梭菌为革兰氏阳性粗短的杆菌，有时可见芽孢体。如果培养液不纯，应划线接种 TSC 琼脂平板进行分纯，(36±1)℃ 厌氧培养 20～24 h，挑取单个典型黑色菌落接种到 FTG 培养基，(36±1)℃ 培养 18～24 h，用于后续的确证试验。

（3）取生长旺盛的 FTG 培养液 1 mL 接种于含铁牛乳培养基，在 46 ℃±0.5 ℃ 水浴中培养 2 h 后，每小时观察一次有无"暴烈发酵"现象，该现象的特点是乳凝结物破碎后快速形成海绵样物质，通常会上升到培养基表面。5 h 内不发酵者为阴性。产气荚膜梭菌发酵乳糖，凝固酪蛋白并大量产气，呈"暴烈发酵"现象，但培养基不变黑。

（4）用接种环（针）取 FTG 培养液穿刺接种缓冲动力-硝酸盐培养基，于 (36±1)℃ 培养 24 h。在透射光下检查细菌沿穿刺线的生长情况，判定有无动力。有动力的菌株沿穿刺线呈扩散生长，无动力的菌株只沿穿刺线生长。然后滴加 0.5 mL 试剂甲和 0.2 mL 试剂乙以检查亚硝酸盐的存在。15 min 内出现红色者，表明硝酸盐被还原为亚硝酸盐；如果不出现颜色变化，则加少许锌粉，放置 10 min，出现红色者，表明该菌株不能还原硝酸盐。产气荚膜梭菌无动力，能将硝酸盐还原为亚硝酸盐。

（5）用接种环（针）取 FTG 培养液穿刺接种乳糖-明胶培养基，于 (36±1)℃ 培养 24 h，观察结果。如发现产气和培养基由红变黄，表明乳糖被发酵并产酸。将试管于 5 ℃ 左右放置 1 h，检查明胶液化情况。如果培养基是固态，于 (36±1)℃ 再培养 24 h，重复检查明胶是否液化。产气荚膜梭菌能发酵乳糖，使明胶液化。

五、结果与报告

（一）典型菌落计数

选取典型菌落数在 20～200 CFU 的平板，计数典型菌落数。如果：

（1）只有一个稀释度平板的典型菌落数在 20～200 CFU，计数该稀释度平板上的典型菌落；

（2）最低稀释度平板的典型菌落数均小于 20 CFU，计数该稀释度平板上的典型菌落；

（3）某一稀释度平板的典型菌落数均大于 200 CFU，但下一稀释度平板上没有典型

菌落,应计数该稀释度平板上的典型菌落;

(4)某一稀释度平板的典型菌落数均大于 200 CFU,且下一稀释度平板上有典型菌落,但其平板上的典型菌落数不在 20~200 CFU,应计数该稀释度平板上的典型菌落;

(5)2 个连续稀释度平板的典型菌落数均在 20~200 CFU,分别计数 2 个稀释度平板上的典型菌落。

(二)结果计算

计数结果按以下公式计算:

$$T = \frac{\sum \left(A\dfrac{B}{C} \right)}{(n_1 + 0.1n_2)d} \tag{4}$$

式中　T——样品中产气荚膜梭菌的菌落数;

　　　A——单个平板上典型菌落数;

　　　B——单个平板上经确证试验为产气荚膜梭菌的菌落数;

　　　C——单个平板上用于确证试验的菌落数;

　　　n_1——第一稀释度(低稀释倍数)经确证试验有产气荚膜梭菌的平板个数;

　　　n_2——第二稀释度(高稀释倍数)经确证试验有产气荚膜梭菌的平板个数;

　　　0.1——稀释系数;

　　　d——稀释因子(第一稀释度)。

(三)报告

根据 TSC 琼脂平板上产气荚膜梭菌的典型菌落数,按照公式(4)计算,报告每克(毫升)样品中产气荚膜梭菌数,报告单位以 CFU/g(mL)表示;如 T 值为 0,则以小于 1 乘以最低稀释倍数报告。

附录 H:培养基和试剂

H.1　胰胨-亚硫酸盐-环丝氨酸(TSC)琼脂

H.1.1　基础成分

胰胨 15.0 g,大豆胨 5.0 g,酵母粉 5.0 g,焦亚硫酸钠 1.0 g,柠檬酸铁铵 1.0 g,琼脂 15.0 g,蒸馏水 900.0 mL,pH 7.6±0.2。

H.1.2　D-环丝氨酸溶液

溶解 1 g D-环丝氨酸于 200 mL 蒸馏水,膜过滤除菌后,于 4 ℃冷藏保存备用。

H.1.3　制法

将基础成分加热煮沸至完全溶解,调节 pH,分装到 500 mL 烧瓶中,每瓶 250 mL,121 ℃高压灭菌 15 min,于 50 ℃±1 ℃保温备用。临用前每 250 mL 基础溶液中加入 20 mL D-环丝氨酸溶液,混匀,倾注平皿。

H.2　液体硫乙醇酸盐培养基(FTG)

H.2.1　成分

胰蛋白胨 15.0 g,L-胱氨酸 0.5 g,酵母粉 5.0 g,葡萄糖 5.0 g,氯化钠 2.5 g,硫乙醇酸钠 0.5 g,刃天青 0.001 g,琼脂 0.75 g,蒸馏水 1000.0 mL,pH＝7.1±0.2。

H.2.2　制法

将以上成分加热煮沸至完全溶解,冷却后调节 pH,分装试管,每管 10 mL,121 ℃ 高压灭菌 15 min。临用前煮沸或流动蒸汽加热 15 min,迅速冷却至接种温度。

H.3　缓冲动力–硝酸盐培养基

H.3.1　成分

蛋白胨 5.0 g,牛肉粉 3.0 g,硝酸钾 5.0 g,磷酸氢二钠 2.5 g,半乳糖 5.0 g,甘油 5.0 mL,琼脂 3.0 g,蒸馏水 1000.0 mL,pH＝7.3±0.2。

H.3.2　制法

将以上成分加热煮沸至完全溶解,调节 pH,分装试管,每管 10 mL,121 ℃ 高压灭菌 15 min。如果当天不用,置 4 ℃ 左右冷藏保存。临用前煮沸或流动蒸汽加热 15 min,迅速冷却至接种温度。

H.4　乳糖–明胶培养基

H.4.1　成分

蛋白胨 15.0 g,酵母粉 10.0 g,乳糖 10.0 g,酚红 0.05 g,明胶 120.0 g,蒸馏水 1000.0 mL,pH＝7.5±0.2。

H.4.2　制法

加热溶解蛋白胨、酵母粉和明胶于 1000 mL 蒸馏水中,调节 pH,加入乳糖和酚红。分装试管,每管 10 mL,121 ℃ 高压灭菌 10 min。如果当天不用,置 4 ℃ 左右冷藏保存。临用前煮沸或流动蒸汽加热 15 min,迅速冷却至接种温度。

H.5　含铁牛乳培养基

H.5.1　成分

新鲜全脂牛奶 1000.0 mL,硫酸亚铁($FeSO_4 \cdot 7H_2O$)1.0 g,蒸馏水 50.0 mL。

H.5.2　制法

将硫酸亚铁溶于蒸馏水中,不断搅拌,缓慢加入 1000 mL 牛奶中,混匀。分装大试管,每管 10 mL,118 ℃ 高压灭菌 12 min。本培养基必须新鲜配制。

H.6　0.1% 蛋白胨水

H.6.1　成分

蛋白胨 1.0 g,蒸馏水 1000.0 mL,pH＝7.0±0.2。

H.6.2　制法

加热溶解,调节 pH,121 ℃ 高压灭菌 15 min。

H.7　革兰氏染色液

H.7.1　结晶紫染色液

H.7.1.1　成分

结晶紫 1.0 g,95% 乙醇 20.0 mL,1% 草酸铵水溶液 80.0 mL。

H.7.1.2　制法

将结晶紫完全溶于乙醇中,然后与草酸铵溶液混合。

H.7.2　革兰氏碘液

H.7.2.1　成分

碘 1.0 g,碘化钾 2.0 g,蒸馏水 300.0 mL。

H.7.2.2　制法

将碘与碘化钾先混合,加入蒸馏水少许振摇,待完全溶解后,再加入蒸馏水至 300 mL。

H.7.3　沙黄复染液

H.7.3.1　成分

沙黄 0.25 g,95% 乙醇 10.0 mL,蒸馏水 90.0 mL。

H.7.3.2　制法

将沙黄溶解于95% 乙醇中,然后用蒸馏水稀释。

H.7.4　染色方法

涂片在火焰上固定,滴加结晶紫染液,染色 1 min,水洗。滴加革兰氏碘液,作用 1 min,水洗。滴加95% 乙醇脱色 15～30 s,直至染色液被洗掉,不要过分脱色,水洗。滴加沙黄复染液,复染 1 min,水洗、待干、镜检。

H.8　硝酸盐还原试剂

H.8.1　甲液(对氨基苯磺酸溶液)

在 1000 mL 5 mol/L 乙酸中溶解 8 g 对氨基苯磺酸。

H.8.2　乙液(α-萘酚乙酸溶液)

在 1000 mL 5 mol/L 乙酸中溶解 5 g α-萘酚。

H.9　缓冲甘油-氯化钠溶液

H.9.1　成分

甘油 100.0 mL,氯化钠 4.2 g,磷酸氢二钾(无水)12.4 g,磷酸二氢钾(无水)4.0 g,蒸馏水 900.0 mL,pH=7.2±0.1。

H.9.2　制法

将以上成分加热至完全溶解,调 pH,121 ℃高压灭 15 min。配制双料缓冲甘油溶液时,用甘油 200 mL 和蒸馏水 800 mL。

任务八　食品中霉菌和酵母菌计数

一、霉菌和酵母菌的概念

霉菌不是分类学上的名词,是丝状真菌的一个通称,是指在固体营养基质上生长,形成绒毛状、蜘蛛网状或棉絮状的菌丝体,而不产生大型肉质子实体结构的真菌。

酵母菌不是生物学上的分类术语,通常是指能发酵糖类、一般以芽殖或裂殖进行无性繁殖的单细胞真菌的统称。

二、材料与仪器

(一)实验设备

除微生物实验室常规灭菌及培养设备外,其他设备和材料如下:

①培养箱:28 ℃±1 ℃。②拍击式均质器及均质袋。③电子天平,感量0.1 g。④无菌锥形瓶:容量500 mL。⑤无菌吸管:1 mL(具0.01 mL刻度)、10 mL(具0.1 mL刻度)。⑥无菌试管:18 mm×180 mm。⑦旋涡混合器。⑧无菌平皿:直径90 mm。⑨恒温水浴箱:46 ℃±1 ℃。⑩显微镜:10~100倍。⑪微量移液器及枪头:1.0 mL。⑫折光仪。⑬郝氏计测玻片:具有标准计测室的特制玻片。⑭盖玻片。⑮测微器:具标准刻度的玻片。

(二)培养基和试剂

①生理盐水。②马铃薯葡萄糖琼脂。③孟加拉红琼脂。④磷酸盐缓冲液。

各种培养基和试剂的成分、制法及试验方法见附录Ⅰ。

三、霉菌和酵母平板计数法

(一)检验程序

霉菌和酵母平板计数法的程序见图3-12。

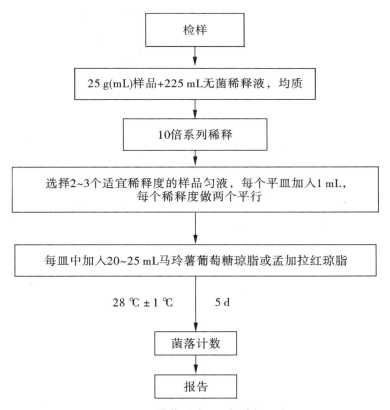

图 3-12　霉菌和酵母平板计数程序

（二）方法与步骤

1. 样品的稀释

（1）固体和半固体样品：称取 25 g 样品，加入 225 mL 无菌稀释液（蒸馏水或生理盐水或磷酸盐缓冲液），充分振摇，或用拍击式均质器拍打 1~2 min，制成 1：10 的样品匀液。

（2）液体样品：以无菌吸管吸取 25 mL 样品至盛有 225 mL 无菌稀释液（蒸馏水或生理盐水或磷酸盐缓冲液）的适宜容器内（可在瓶内预置适当数量的无菌玻璃珠）或无菌均质袋中，充分振摇或用拍击式均质器拍打 1~2 min，制成 1：10 的样品匀液。

（3）取 1 mL 1：10 样品匀液注入含有 9 mL 无菌稀释液的试管中，另换一支 1 mL 无菌吸管反复吹吸，或在旋涡混合器上混匀，此液为 1：100 的样品匀液。

（4）接上述操作，制备 10 倍递增系列稀释样品匀液。每递增稀释一次，换用 1 支 1 mL 无菌吸管。

（5）根据对样品污染状况的估计，选择 2~3 个适宜稀释度的样品匀液（液体样品可包括原液），在进行 10 倍递增稀释的同时，每个稀释度分别吸取 1 mL 样品匀液于 2 个无菌平皿内。同时分别取 1 mL 无菌稀释液加入 2 个无菌平皿作空白对照。

（6）及时将 20~25 mL 冷却至 46 ℃的马铃薯葡萄糖琼脂或孟加拉红琼脂（可放置于（46±1）℃恒温水浴箱中保温）倾注平皿，并转动平皿使其混合均匀。置水平台面待培养基完全凝固。

2. 培养

琼脂凝固后，正置平板，置（28±1）℃培养箱中培养，观察并记录培养至第 5 d 的结果。

3. 菌落计数

用肉眼观察，必要时可用放大镜或低倍镜，记录稀释倍数和相应的霉菌和酵母菌落数。以菌落形成单位（CFU）表示。

选取菌落数在 10~150 CFU 的平板，根据菌落形态分别计数霉菌和酵母。霉菌蔓延生长覆盖整个平板的可记录为菌落蔓延。

（三）结果与报告

1. 结果

（1）计算同一稀释度的两个平板菌落数的平均值，再将平均值乘以相应稀释倍数。

（2）若有两个稀释度平板上菌落数均在 10 ~150 CFU，则按照食品中菌落总数检验的相应规定进行计算。

（3）若所有平板上菌落数均大于 150 CFU，则对稀释度最高的平板进行计数，其他平板可记录为"多不可计"，结果按平均菌落数乘以最高稀释倍数计算。

（4）若所有平板上菌落数均小于 10 CFU，则应按稀释度最低的平均菌落数乘以稀释倍数计算。

（5）若所有稀释度（包括液体样品原液）平板均无菌落生长，则以小于 1 乘以最低稀释倍数计算。

（6）若所有稀释度的平板菌落数均不在 10 ～150 CFU 之间，其中一部分小于 10 CFU 或大于 150 CFU 时，则以最接近 10 CFU 或 150 CFU 的平均菌落数乘以稀释倍数计算。

2. 报告

（1）菌落数按"四舍五入"原则修约。菌落数在 10 以内时，采用一位有效数字报告；菌落数在 10 ～100 之间时，采用两位有效数字报告。

（2）菌落数大于或等于 100 时，第 3 位数字采用"四舍五入"原则修约后，取前两位数字，后面用 0 代替位数来表示结果；也可用 10 的指数形式来表示，此时也按"四舍五入"原则修约，采用两位有效数字。

（3）若空白对照平板上有菌落出现，则此次检测结果无效。

（4）称重取样以 CFU/g 为单位报告，体积取样以 CFU/mL 为单位报告，报告或分别报告霉菌和/或酵母数。

四、霉菌直接镜检计数法

（一）操作步骤

（1）检样的制备：取适量检样，加蒸馏水稀释至折光指数为 1.3447 ～1.3460（即浓度为 7.9% ～8.8%），备用。

（2）显微镜标准视野的校正：将显微镜按放大率 90 ～125 倍调节标准视野，使其直径为 1.382 mm。

（3）涂片：洗净郝氏计测玻片，将制好的标准液，用玻璃棒均匀地摊布于计测室，加盖玻片，以备观察。

（4）观测：将制好之载玻片置于显微镜标准视野下进行观测。一般每一检样每人观察 50 个视野。同一检样应由两人进行观察。

（二）结果与报告

（1）结果与计算：在标准视野下，发现有霉菌菌丝其长度超过标准视野（1.382 mm）的 1/6 或三根菌丝总长度超过标准视野的 1/6（即测微器的一格）时即记录为阳性（+），否则记录为阴性（-）。

（2）报告：报告每 100 个视野中全部阳性视野数为霉菌的视野百分数（视野%）。

附录Ⅰ:培养基和试剂

Ⅰ.1　生理盐水

Ⅰ.1.1　成分

氯化钠 8.5 g，蒸馏水 1000 mL。

Ⅰ.1.2　制法

氯化钠加入 1000 mL 蒸馏水中，搅拌至完全溶解，分装后，121 ℃灭菌 15 min，备用。

Ⅰ.2　马铃薯葡萄糖琼脂

Ⅰ.2.1　成分

马铃薯（去皮切块）300 g，葡萄糖 20.0 g，琼脂 20.0 g，氯霉素 0.1 g，蒸馏水 1000 mL。

Ⅰ.2.2　制法

将马铃薯去皮切块,加1000 mL 蒸馏水,煮沸10 ～20 min。用纱布过滤.补加蒸馏水至1000 mL 加入葡萄糖和琼脂,加热溶解,分装后,121 ℃灭菌15 min,备用。

Ⅰ.3　孟加拉红琼脂

Ⅰ.3.1　成分

蛋白胨5.0 g,葡萄糖10.0 g,磷酸二氢钾1.0 g,硫酸镁(无水)0.5 g,琼脂20.0 g,孟加拉红0.033 g,氯霉素0.1 g,蒸馏水1000 mL。

Ⅰ.3.2　制法

上述各成分加入蒸馏水中,加热溶解,补足蒸馏水至1000 mL,分装后,121 ℃灭菌15 min 避光保存备用。

Ⅰ.4　磷酸盐缓冲液

Ⅰ.4.1　成分

磷酸二氢钾34.0 g,蒸馏水500 mL。

Ⅰ.4.2　制法

储存液:称取34.0 g 的磷酸二氢钾溶于500 mL 蒸馏水中,用大约175 mL 的1 mol/L 氢氧化钠溶液调节 pH 至7.2±0.1 用蒸馏水稀释至1000 mL 后储存于冰箱。

稀释液:取储存液1.25 mL,用蒸馏水稀释至1000 mL,分装于适宜容器中,121 ℃高压灭菌15 min。

任务九　食品中乳酸菌的检验

一、乳酸菌的概念

一类可发酵糖主要产生大量乳酸的细菌的通称。本标准中乳酸菌主要为乳杆菌属、双歧杆菌属和嗜热链球菌属。

二、材料与仪器

(一)实验设备

除微生物实验室常规灭菌及培养设备外,其他设备和材料如下:

①恒温培养箱:(36±1) ℃。②冰箱:2 ~5 ℃。③均质器及无菌均质袋、均质杯或灭菌乳钵。④天平:感量0.01 g。⑤无菌试管:18 mm×180 mm、15 mm×100 mm。⑥无菌吸管:1 mL (具0.01 mL 刻度)、10 mL (具0.1 mL 刻度)或微量移液器及吸头。⑦无菌锥形瓶:500 mL、250 mL。

(二)培养基和试剂

①生理盐水。②MRS 培养基及莫匹罗星锂盐和半胱氨酸盐酸盐改良 MRS 培养基。③MC 培养基。④0.5% 蔗糖发酵管。⑤0.5% 纤维二糖发酵管。⑥0.5% 麦芽糖发酵管。⑦0.5% 甘露醇发酵管。⑧0.5% 水杨苷发酵管。⑨0.5% 山梨醇发酵管。⑩0.5%

乳糖发酵管。⑪七叶苷发酵管。⑫革兰氏染色液。⑬莫匹罗星锂盐:化学纯。⑭半胱氨酸盐酸盐:纯度 >99% 。

各种培养基和试剂的成分、制法及试验方法见附录 J。

三、检验程序

乳酸菌平板计数法的程序见图 3-13。

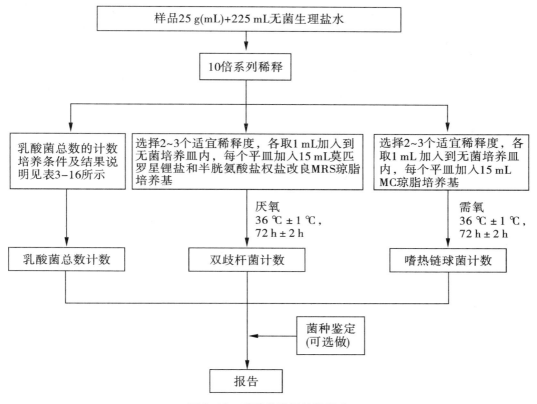

图 3-13　乳酸菌平板计数程序

四、方法与步骤

1. 样品制备

(1)样品的全部制备过程均应遵循无菌操作程序。

(2)冷冻样品可先使其在 2～5 ℃ 条件下解冻,时间不超过 18 h,也可在温度不超过 45 ℃的条件解冻,时间不超过 15 min。

(3)固体和半固体食品:以无菌操作称取 25 g 样品,置于装有 225 mL 生理盐水的无菌均质杯内,于 8000～10000 r/min 均质 1～2 min,制成 1∶10 样品匀液;或置于 225 mL 生理盐水的无菌均质袋中,用拍击式均质器拍打 1～2 min 制成1∶10 的样品匀液。

(4)液体样品:液体样品应先将其充分摇匀后以无菌吸管吸取样品 25 mL 放入装有

225 mL 生理盐水的无菌锥形瓶(瓶内预置适当数量的无菌玻璃珠)中,充分振摇,制成 1
∶10 的样品匀液。

2．步骤

(1)用 1 mL 无菌吸管或微量移液器吸取 1∶10 样品匀液 1 mL,沿管壁缓慢注于装有
9 mL 生理盐水的无菌试管中(注意吸管尖端不要触及稀释液),振摇试管或换用 1 支无
菌吸管反复吹打使其混合均匀,制成 1∶100 的样品匀液。

(2)另取 1 mL 无菌吸管或微量移液器吸头,按上述操作顺序,做 10 倍递增样品匀
液,每递增稀释一次,即换用 1 次 1 mL 灭菌吸管或吸头。

(3)乳酸菌计数

1)乳酸菌总数。乳酸菌总数计数培养条件的选择及结果说明见表 3-16。

表 3-16　乳酸菌总数计数培养条件的选择及结果说明

样品中所包括乳酸菌菌属	培养条件的选择及结果说明
仅包括双歧杆菌属	按 GB 4789.34 的规定执行
仅包括乳杆菌属	按照 4)乳杆菌计数操作,结果即为乳杆菌属总数
仅包括嗜热链球菌	按照 3)嗜热链球菌计数操作,结果即为嗜热链球菌总数
同时包括双歧杆菌属和乳酸杆菌属	①按照 4)乳杆菌计数操作,结果即为乳酸菌总数; ②如需单独计数双歧杆菌属数目,按照 2)双歧杆菌计数操作
同时包括双歧杆菌属和嗜热链球菌	①按照 2)双歧杆菌计数和 3)嗜热链球菌计数操作,二者结果之和即为乳酸菌总数; ②如需单独计数双歧杆菌属数目,按照 2)双歧杆菌计数操作
同时包括乳杆菌属和嗜热链球菌	①按照 3)嗜热链球菌计数和 4)乳杆菌计数操作,二者结果之和即为乳酸菌总数; ②3)嗜热链球菌计数结果为嗜热链球菌总数; ③4)乳杆菌计数结果为乳杆菌属总数
同时包括双歧杆菌属,乳杆菌属和嗜热链球菌	①按照 3)嗜热链球菌计数和 4)乳杆菌计数操作,二者结果之和即为乳酸菌总数; ②如需单独计数双歧杆菌属数目,按照 2)双歧杆菌计数操作

2)双歧杆菌计数。根据对待检样品双歧杆菌含量的估计,选择 2~3 个连续的适宜
稀释度,每个稀释度吸取 1 mL 样品匀液于灭菌平皿内,每个稀释度做两个平皿。稀释液
移入平皿后,将冷却至 48 ℃的莫匹罗星锂盐和半胱氨酸盐酸盐改良的 MRS 培养基倾注
入平皿约 15 mL,转动平皿使混合均匀。(36±1)℃厌氧培养 72 h±2 h,培养后计数平板
上的所有菌落数。从样品稀释到平板倾注要求在 15 min 内完成。

3)嗜热链球菌计数。根据待检样品嗜热链球菌活菌数的估计,选择 2~3 个连续的
适宜稀释度,每个稀释度吸取 1 mL 样品匀液于灭菌平皿内,每个稀释度做两个平皿。稀
释液移入平皿后,将冷却至 48 ℃的 MC 培养基倾注入平皿约 15 mL,转动平皿使混合均

匀。(36±1)℃需氧培养 72 h±2 h,培养后计数。嗜热链球菌在 MC 琼脂平板上的菌落特征为:菌落中等偏小,边缘整齐光滑的红色菌落,直径 2 mm±1 mm,菌落背面为粉红色。从样品稀释到平板倾注要求在 15 min 内完成。

4)乳杆菌计数。根据待检样品活菌总数的估计,选择 2～3 个连续的适宜稀释度,每个稀释度吸取 1 mL 样品匀液于灭菌平皿内,每个稀释度做两个平皿。稀释液移入平皿后,将冷却至 48 ℃的 MRS 琼脂培养基倾注入平皿约 15 mL,转动平皿使混合均匀。(36±1)℃厌氧培养 72 h±2 h。从样品稀释到平板倾注要求在 15 min 内完成。

3. 菌落计数

注:可用肉眼观察,必要时用放大镜或菌落计数器,记录稀释倍数和相应的菌落数量。菌落计数以菌落形成单位(CFU)表示。

(1)选取菌落数在 30～300 CFU、无蔓延菌落生长的平板计数菌落总数。低于 30 CFU 的平板记录具体菌落数,大于 300 CFU 的可记录为多不可计。每个稀释度的菌落数应采用两个平板的平均数。

(2)其中一个平板有较大片状菌落生长时,则不宜采用,而应以无片状菌落生长的平板作为该稀释度的菌落数;若片状菌落不到平板的一半,而其余一半中菌落分布又很均匀,即可计算半个平板后乘以 2,代表一个平板菌落数。

(3)当平板上出现菌落间无明显界线的链状生长时,则将每条单链作为一个菌落计数。

五、结果与报告

1. 结果的表述

(1)若只有一个稀释度平板上的菌落数在适宜计数范围内,计算两个平板菌落数的平均值,再将平均值乘以相应稀释倍数,作为每克或每毫升中菌落总数结果。

(2)若有两个连续稀释度的平板菌落数在适宜计数范围内时,按式(5)计算:

$$N = \frac{\sum C}{(n_1 + 0.1 n_2) d} \tag{5}$$

式中　N——样品中菌落数;

　　　$\sum C$——平板(含适宜范围菌落数的平板)菌落数之和;

　　　n_1——第一稀释度(低稀释倍数)平板个数;

　　　n_2——第二稀释度(高稀释倍数)平板个数;

　　　d——稀释因子(第一稀释度)。

(3)若所有稀释度的平板上菌落数均大于 300 CFU,则对稀释度最高的平板进行计数,其他平板可记录为多不可计,结果按平均菌落数乘以最高稀释倍数计算。

(4)若所有稀释度的平板菌落数均小于 30 CFU,则应按稀释度最低的平均菌落数乘以稀释倍数计算。

(5)若所有稀释度(包括液体样品原液)平板均无菌落生长,则以小于 1 乘以最低稀释倍数计算。

(6)若所有稀释度的平板菌落数均不在 30～300 CFU,其中一部分小于 30 CFU 或大于 300 CFU 时,则以最接近 30 CFU 或 300 CFU 的平均菌落数乘以稀释倍数计算。

2. 菌落数的报告

(1)菌落数小于 100 CFU 时,按"四舍五入"原则修约,以整数报告。

(2)菌落数大于或等于 100 CFU 时,第 3 位数字采用"四舍五入"原则修约后,取前两位数字,后面用 0 代替位数;也可用 10 的指数形式来表示,按"四舍五入"原则修约后,采用两位有效数字。

(3)称重取样以 CFU/g 为单位报告,体积取样以 CFU/mL 为单位报告。

附录 J:培养基和试剂

J.1 生理盐水

J.1.1 成分

NaCl 8.5 g。

J.1.2 制法

将上述成分加入到 1000 mL 蒸馏水中,加热溶解,分装后 121 ℃ 高压灭菌 15 ~ 20 min。

J.2 MRS 培养基

J.2.1 成分

蛋白胨 10.0 g,牛肉粉 5.0 g,酵母粉 4.0 g,葡萄糖 20.0 g,吐温 80 1.0 mL, $K_2HPO_4 \cdot 7H_2O$ 2.0 g,醋酸钠 · $3H_2O$ 5.0 g,柠檬酸三铵 2.0 g, $MgSO_4 \cdot 7H_2O$ 0.2 g, $MnSO_4 \cdot 4H_2O$ 0.05 g,琼脂粉 15.0 g。

J.2.2 制法

将上述成分加入到 1000 mL 蒸馏水中,加热溶解,调节 pH 至 6.2±0.2,分装后 121 ℃ 高压灭菌 15 ~ 20 min。

J.3 莫匹罗星锂盐和半胱氨酸盐酸盐改良 MRS 培养基

J.3.1 莫匹罗星锂盐储备液制备

称取 50 mg 莫匹罗星锂盐加入到 50 mL 蒸馏水中,用 0.22 μm 微孔滤膜过滤除菌。

J.3.2 半胱氨酸盐酸盐储备液制备

称取 250 mg 半胱氨酸盐酸盐加入到 50 mL 蒸馏水中,用 0.22 μm 微孔滤膜过滤除菌。

J.3.3 制法

将 J.2.1 成分加入到 950 mL 蒸馏水中,加热溶解,调节 pH,分装后 121 ℃ 高压灭菌 15 ~ 20 min。临用时加热熔化琼脂,在水浴中冷至 48 ℃,用带有 0.22 μm 微孔滤膜的注射器将莫匹罗星锂盐储备液及半胱氨酸盐酸盐储备液制备加入到熔化琼脂中,使培养基中莫匹罗星锂盐的浓度为 50 μg/mL,半胱氨酸盐酸盐的浓度为 500 μg/mL。

J.4 MC 培养基

J.4.1 成分

大豆蛋白胨 5.0 g,牛肉粉 3.0 g,酵母粉 3.0 g,葡萄糖 20.0 g,乳糖 20.0 g,碳酸钙

10.0 g,琼脂 15.0 g,蒸馏水 1000 mL,1% 中性红溶液 5.0 mL。

J.4.2　制法

将前面 7 种成分加入蒸馏水中,加热溶解,调节 pH 至 6.0±0.2,加入中性红溶液。分装后121 ℃高压灭菌 15～20 min。

J.5　乳酸杆菌糖发酵管

J.5.1　基础成分

牛肉膏 5.0 g,蛋白胨 5.0 g,酵母浸膏 5.0 g,吐温 80 0.5 mL,琼脂 1.5 g,1.6% 溴甲酚紫酒精溶液 1.4 mL,蒸馏水 1000 mL。

J.5.2　制法

按 0.5% 加入所需糖类,并分装小试管,121 ℃高压灭菌15～20 min。

J.6　七叶苷培养基

J.6.1　成分

蛋白胨 5.0 g,磷酸氢二钾 1.0 g,七叶苷 3.0 g,枸橼酸铁 0.5 g,1.6% 溴甲酚紫酒精溶液 1.4 mL,蒸馏水 100 mL。

J.6.2　制法

将上述成分加入蒸馏水中,加热溶解,121 ℃高压灭菌 15～20 min。

J.7　革兰氏染色液

J.7.1　结晶紫染色液

J.7.1.1　成分

结晶紫 1.0 g,95% 乙醇 20 mL,1% 草酸铵水溶液 80 mL。

J.7.1.2　制法

将结晶紫完全溶解于乙醇中,然后与草酸铵溶液混合。

J.7.2　革兰氏碘液

J.7.2.1　成分

碘 1.0 g,碘化钾 2.0 g,蒸馏水 300 mL。

J.7.2.2　制法

将碘与碘化钾先进行混合,加入蒸馏水少许充分振摇,待完全溶解后,再加蒸馏水至 300 mL。

J.7.3　沙黄复染液

J.7.3.1　成分

沙黄 0.25 g,95% 乙醇 10 mL,蒸馏水 90 mL。

J.7.3.2　制法

将沙黄溶解于乙醇中,然后用蒸馏水稀释。

J.7.4　染色法

J.7.4.1　将涂片在酒精灯火焰上固定,滴加结晶紫染色液,染 1 min,水洗。

J.7.4.2　滴加革兰氏碘液,作用 1 min,水洗。

J.7.4.3　滴加 95% 乙醇脱色,15～30 s,直至染色液被洗掉,不要过分脱色,水洗。

J.7.4.4 滴加复染液,复染 1 min。水洗、待干、镜检。

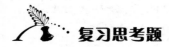 **复习思考题**

1. 食品微生物检验中主要的检测项目有哪些?
2. 食品中菌落总数检验的意义?
3. 食品中大肠菌群检验的意义?
4. 沙门氏菌主要有哪些种类?
5. 简述某一种致病菌的检验程序。

模块四
食品微生物检验新技术与快速检测

知识目标

1. 了解专用酶快速反应检测技术、分析化学技术、载体技术、代谢学技术、免疫分析检测技术、分子生物检测技术等新技术在食品微生物检验中的应用情况和发展趋势。
2. 掌握食品中菌落总数、大肠菌群、沙门氏菌、肠出血性大肠埃希菌、单核细胞增生李斯特菌的快速检验方法。

任务一　食品微生物检验新技术

一、微生物专用酶快速反应检测技术

（一）显色培养基技术

利用致病菌中某些具有特征性的酶,应用适当的底物可迅速完成致病菌的鉴定。根据致病菌在其生长繁殖过程中可合成和释放某些特异性的酶,按酶的特性,选用相应的底物和指示剂,将他们配制在相关的培养基中。根据致病菌反应出现的明显颜色变化,确定待分离的可疑菌株,反应的测定结果有助于致病菌的快速诊断。这种技术将传统的致病菌分离与生化反应有机结合起来,且检测结果直观,因此显色培养基技术正成为今后微生物快速发展的一个主要方向。

1. 沙门氏显色培养基

可替代传统的 SS 培养基;肉眼观察菌落颜色,能初步鉴定包括伤寒杆菌、副伤寒杆菌在内的沙门氏菌,具有很高的特异性,可摒弃大量假阳性,减少漏检;对确定混合感染更为有效;培养基的配置简单,煮沸即可,无须高压灭菌;操作简便,划线接种,37 ℃培养,24 h 出结果;对暴发性沙门氏菌感染引起的食物中毒尤为适用。

2. 金黄色葡萄球菌显色培养基

可替代传统的高盐甘露醇及血平板培养基,具有较高的特异

案例

性、灵敏度,可消除假阴性及假阳性;肉眼观察菌落颜色即可用于金黄色葡萄球菌的初步鉴定,在此培养基中添加妥布霉素或甲氧西林等抗生素,可筛选耐甲氧西林金黄色葡萄

球菌(MRSA);培养基的配置简单,煮沸即可,无须高压灭菌;操作简便,划线接种,37 ℃培养,24 h 出结果。

原理:蛋白胨、大豆胨和酵母膏粉提供碳氮源和微量元素;氯化钠维持均衡的渗透压;琼脂是培养基的凝固剂;显色剂与金黄色葡萄球菌具有的酶发生特异性反应,水解底物,释放出显色基团,在无色透明平板上,金黄色葡萄球菌产生粉红-紫红的边缘整齐菌落;抑菌剂可抑制杂菌的生长。

操作步骤:①称取 67.4 g 培养基干粉,加入 1 L 蒸馏水或去离子水(可按比例扩大或缩小),搅拌加热煮沸至完全溶解(避免过度加热),无须高压灭菌,冷至 50 ℃左右倾注平板备用。②待检样品按照相应的标准(GB、SN、FDA 等)进行取样及前增菌,挑取一环增菌液划线接种于制备好的该培养基平板上,于(36±1)℃培养 18~24 h,观察结果,挑取典型可疑菌落进行鉴定试验。

结果判断:判断标准见表 4-1。

表 4-1　金黄色葡萄球菌结果判断

菌属	菌落特征
金黄色葡萄球菌	粉红-紫红色菌落
其他菌	蓝绿色或无色或受抑制

质量控制:①外观:流动性良好的淡黄色粉末,制备好的平板呈浅黄色透明固体培养基。②生物学:菌株接种后于(36±1)℃培养 24 h,生长情况如表 4-2。

表 4-2　不同微生物培养 24 h 后颜色

质控菌	菌落特征
金黄色葡萄球菌 ATCC25923	生长良好,粉红-紫红色
单核增生李斯特菌 ATCC19115	蓝绿色
表皮葡萄球菌 CMCC(B)26069	受抑制
粪肠球菌 ATCC29212	受抑制
普通变形杆菌 CMCC(B)49027	受抑制

(二)自动化微生物分析仪

此类仪器由传统生化反应及微生物检测技术与现代计算机技术相结合,运用概率最大的近似值模型法进行自动微生物检测的技术,可鉴定多种常见的致病菌。常见的有法国梅里埃公司的 VITEK(AMS 系统)全自动微生物分析仪,这类仪器因能自动进行细菌的鉴定和药敏试验而广泛用于大医院的微生物实验室,使患者得到及时有效的治疗。现在医药工业微生物实验室也逐步配备了全自动或半自动的微生物分析仪,为快速分析、鉴定生产环境、工艺过程中的污染菌提供了现代化的基础。

1. VITEK 全自动微生物分析系统工作原理

(1)细菌鉴定原理:根据不同细菌的生化性质不同,采用光电比色法,测定细菌分解底物导致 pH 改变产生不同的颜色,仪器通过电脑处理,识别被检细菌的生化反应结果并将其转化为数字组成的编码,再从编码库中查出这编码所代表的菌种名称。

每张鉴定卡片上有 30 项生化反应,由计算机控制的读数器每隔 1 h 对各反应孔底物进行光扫描,并读数 1 次,动态观察反应变化。一旦鉴定卡内的终点指示孔达到临界值,指示此卡已完成。系统最后一次读数后,将所得的生物编码与菌种资料库标准菌的生物模型相比较,得到相似的系统鉴定值,自动打印出实验报告。

(2)药敏实验原理:根据每一种药物生长斜率与 MIC(最小抑菌浓度)的线形关系,选择适当数目的稀释度,加入待检细菌的菌悬液,经 4~15 h 孵育后,应用光电比浊原理,即可得到待检菌在各浓度的斜率,与阳性对照孔斜率相比,并计算出待检菌的复合斜率,经过回归分析得到 MIC 值,并根据 NCCLS 标准获得相应敏感(S)、中度敏感(I)和耐药(R)的结果。

2. 仪器构造

(1)菌液接种和封闭装置:由上下两部分组成,上部为热切割器,下部为真空仓。试管中的菌悬液用弯塑料管与测试卡进样口相连,放入真空仓内,仓内的负压使菌液充入测试卡内。采用热压切割方法将充完菌液的试卡切断并封闭。

(2)计数器,孵箱:孵箱由计算机控制,带有一光电比色读数头,读数器采用 665 nm 波长的光扫描器。孵育箱内的直立圆柱转盘每隔 90°置一卡片架位,共可放 4 个卡片架,依架子的数目可将 VITEK 系统分为 VITEK30、VITEK60 和 VITEK120 和 VITEK32。

(3)工作站:VITEK 系统是采用 IBM 公司所生产的 RISC6000 工作站来进行数据收集分析及储存 40 000 个以上测试的统计及实验数据,有多种媒体(磁盘、磁带和光盘)拷贝数据,采用图示软件、鼠标操作。计算机软件包括数据处理软件、专家系统软件和药品管理软件等。具有 28 种流行病学和统计报告,包括菌发生率、抗生素敏感率统计、抗生素累计敏感性、抗生素累计 MIC 报告、每月细菌发生率、每月细菌敏感率、工作量、生物模式统计,以及根据不同测试卡种类统计的敏感率等报告。每一种报告有 41 种可变参数,根据不同目的,改变某一参数时即可产生不同的流行病学报告。

(4)测试卡:共有 11 种测试卡,包括革兰阴性菌、革兰阳性菌、真菌、厌氧菌、嗜血杆菌、奈瑟菌、肠道致病菌、芽孢杆菌、非发酵革兰阴性菌、快速革兰阴性菌鉴定卡和细菌计数卡。各种不同抗生素组合的药敏测试卡共 26 种。

3. 操作程序

(1)制备菌液:按不同测试卡的要求,配置不同浓度的菌悬液。

(2)菌液接种与封口。

(3)将测试卡放入孵箱/读数器内。

(4)输入受检者资料。

(5)计数器自动培养、判定,自动打印实验室报告。

二、分析化学技术

随着分析化学技术的日新月异,很多仪器分析手段和方法如高效液相色谱(HPLC)、气相色谱（GC）、气相色谱-质谱联用（GC-MS）、液相色谱-质谱联用（LC-MS）等,已显示出了在微生物检测中的潜力,这些方法不同于依赖微生物学特征的检测方法,而是通过分析微生物的化学组成来区分和鉴定微生物,开辟了检测和鉴定微生物的新途径。

磷脂脂肪酸是活体微生物细胞膜的主要成分,在微生物敏感实验中,因其分析结果的重现性好,被用于微生物的鉴定。

食品中尤其是肉类中的营养物质如碳水化合物、脂质、氨基酸等易被微生物分解产生有机酸、胺类以及硫化物等,形成不良的恶臭味甚至有毒物质,导致食品腐败变质失去食用价值,这些微生物被称为特定腐败菌。不同的食品以及不同的储藏环境会导致食品中的腐败菌各不相同。导致食品腐败的所有细菌中,致腐能力最强的一种或几种细菌称优势腐败菌,其宏观表现为经涂布后平板上的菌落含量占有绝对优势,因而在研究食品中微生物致腐能力时,只针对优势腐败菌进行研究,食品中微生物鉴定,通常是指对优势腐败菌的鉴定。

食品中含有大量的微生物及微生物的代谢物,如果食品中的这些代谢物有毒,将严重影响到人们的使用安全。高效液相色谱法依据不同微生物的化学组成或其产生的代谢产物,可直接分析各种样品中的各种细菌代谢产物,确定病原微生物的特异性化学组分,从而确定被检测食品中是否存在微生物超标的情况以及是否威胁到人们的健康。高效液相色谱主要用于多组分混合物的分离,这种方法不仅使以往的柱色谱法到达高速化,而且其分离性能大大提高。国外学者 MariaL 对葡萄牙的多种酸奶产品进行调查,应用高效液相色谱技术检测酸奶中的黄曲霉的含量,结果显示之中方法的检出限为 $1 \times 10^{-9} g/kg$,大约有 19 种样品中含有黄曲霉素被检出,这种含量的黄曲霉素对人们的健康构成威胁。

三、载体技术

载体法包括快速测试片法、螺旋板系统法和滤膜法。载体法将稀释、培养和显色融为一体,大大简化了分析步骤,节约了分析时间,并且可以在取样的同时接种,结果更能反映当时样本中真实的细菌数,更为准确。目前载体法在食源性微生物检测中已得到广泛应用,如美国已将螺旋板系统法纳入美国官方分析化学师协会方法,滤膜法被广泛应用于生乳、巴氏杀菌乳和奶油的质量管理中。下面主要介绍滤膜法在饮料微生物检验中的应用。

（一）滤膜法

滤膜法又称薄膜过滤法、膜过滤法、浓缩法,是以微孔滤膜截留液体样品中的微生物,并直接在滤膜上进行培养的微生物检验方法;在国内外制药工业、环境监测、食品工业、化妆品工业等领域得到了广泛的应用。滤膜法与其他微生物检验方法相比,具有适用范围广泛、不易受抑菌物质干扰的突出优点。

1.滤膜法原理

将待测样品通过微孔滤膜过滤富集,再将滤膜放置于培养基或浸有培养液的支持物表面上培养,根据滤膜上生长的菌落数量推算出样品所含微生物数量。

2.适用范围

滤膜法适用于气体、液体等体积大而含微生物浓度较低的流体样品中的活微生物数量的检验,尤其适用于含有可溶性抑菌物质的液体样品的检验,也适用于液体洗脱的容器内壁沾染微生物的检验,以及液体洗脱的表面擦拭取样用具(拭子)沾染微生物的检验。

滤膜法不适用于含有直径大于滤膜孔径的不溶性颗粒的样品,亦不适用于样品所含抑菌物质能够被滤膜吸附的样品,以及所含溶剂能够溶解滤膜的样品。

在饮料的质量控制中,滤膜法适用于非混悬饮料成品及半成品的微生物检验,尤其适用于含抑菌物质饮料的微生物检验;同时也适用于饮料原辅料、包装材料和消毒剂的微生物检验,以及表面擦拭法取样拭子洗脱液的微生物检验。

3.材料与仪器试剂

滤膜法所需的仪器试剂除平皿法(培养皿法)的基本仪器试剂外,还包括:过滤器、真空泵、微孔滤膜与冲洗液。过滤器与滤膜的直径通常为 50 mm。

(1)过滤器:滤膜法在国内制药行业有广泛的应用,因而市场上有多种型号的滤膜法专用过滤器供应,企业可根据检验标准、样品性质与配套仪器设备选购。建议选择标配 3~6 个过滤头的过滤器,并适当选配多个过滤杯,以便于同时检验较大批量的样品,提高检验效率。

(2)真空泵:用于滤膜法的真空泵建议选择电动吸引器。电动吸引器除具备真空泵的基本功能外,还具有无级调节真空度、脚踏式控制开关、大容量安全瓶、满溢保护器和气路保护过滤器等特点;不但可满足同时检验多个大体积(或需大量冲洗)样品的需要,而且便于调解过滤速度;并且能够避免灰尘和液体吸入真空泵,有效延长真空泵维修周期和使用寿命。

(3)微孔滤膜:微孔滤膜分为水性和有机性两大类,可根据样品性质、检验标准、培养基与目标微生物的特性选择。有研究表明滤膜的孔径对菌落的尺寸与微生物的恢复生长均有影响,因而通常情况下建议选择孔径为 0.45 μm 的滤膜。

(4)冲洗液:固体样品需要使用冲洗液溶解,样品容器的内壁需要使用冲洗液冲洗;样品中含有抑菌物质时,过滤后需要使用冲洗液对滤膜进行冲洗,以便去除滤膜上残留的抑菌物质;滤膜法用于饮料包装容器及皮肤、操作台等接触面的微生物检验时,也需要使用冲洗液将容器内壁或拭子上附着的微生物洗脱。

常见的冲洗液包括:pH=7.0 氯化钠-蛋白胨缓冲液、生理盐水(或氯化钠注射液)和实验室用水。为尽量保护样品中和滤膜上的微生物不受损伤,不建议使用实验室用水作为冲洗液。

冲洗液在使用前必须灭菌,每次检验后未用完的冲洗液再次使用前也应重新灭菌。

冲洗滤膜时应遵循少量多次的原则,每张滤膜每次冲洗量应不大于 100 mL,总冲洗量应不超过 1000 mL,以免滤膜上的微生物受到损伤。

4.原辅料微生物检验

原辅料的取样量通常 10~100 g 或 100~250 mL,视溶解度或溶液的黏度将其溶于 100~500 mL 的冲洗液中,然后过滤;液体原辅料和水也可取样 100~250 mL 直接过滤。

样品溶解用器皿再盛装冲洗液用于冲洗滤膜,同时也可冲净其内壁附着的样品或其溶液。

溶液黏度较大的原辅料(如:白砂糖)需要较多的冲洗液溶解和冲洗,以免影响过滤速度。抑菌作用较强的原辅料(如:植物提取物、防腐剂等)也需要较多的冲洗液冲洗,以免滤膜上残留有抑菌物质而影响检验结果的准确性。预计含微生物较多的样品应稀释后再按上述方法检验,必要时应检验多个稀释级。

5. 成品及半成品微生物检验

成品最小包装单元净含量小于等于 250 mL 或 50 g 的取样 1 个最小包装单元,液体饮料直接过滤;固体饮料按照标签中规定的用量,用无菌水或其他规定的冲洗液按规定的方法溶解后过滤。最小包装单元净含量大于 250 mL 或 50 g 的,参照原辅料微生物检验中取样。

四、代谢学技术

代谢学技术是检测食源性病原体的一种常用技术手段。其原理是利用各种技术检测不同病原体在特定培养环境下产生的初级代谢产物或次级代谢产物的量和种类的变化特征以鉴定该病原体。按照不同的检测技术,分为电阻抗技术、微热量计技术、放射测量技术和接触酶测量技术等。

(一)电阻抗技术

电阻抗技术是指微生物在培养基内生长繁殖的过程中,培养基中的大分子电惰性物质如碳水化合物、蛋白质和脂类等,代谢为具有电活性的小分子物质,如乳酸盐、醋酸盐等,这些离子态物质能增加培养基的导电性,使培养基的阻抗发生变化,通过检测培养基的电阻抗或电导变化情况,可估计微生物的数量并鉴别其属、种。该法已用于食品中细菌总数、大肠杆菌、沙门氏菌、酵母菌、霉菌和支原体等的检测和鉴定,具有高敏感性、特异性、快反应性和高度重复性等优点。目前市售商品有英国 Malthus Microbiol Analyser 系统,它是测定电导率的变化。另一种是美国 Bactometer 微生物监控系统,它是测定阻抗的变化。

1. 检测微生物的原理

阻抗法通过测量微生物在生长代谢过程中培养基电导特性的变化,间接快速地检测样品中微生物含量。在培养过程中,微生物通过新陈代谢作用将培养基中电惰性的大分子营养物质,如蛋白质、脂肪、碳水化合物等转化分解为微电活性的小分子物质,如氨基酸、乳酸盐等。随着微生物的生长繁殖,培养基中的电活性物质逐渐累积,从而导致培养基的电特性发生变化——导电性增加,电阻抗降低。从接种微生物结束时起到可检测出培养基阻抗值变化所需时间称为检出时间(DT),研究发现,DT 值与培养基中微生物的初始浓度的对数值($\lg N_0$)存在着一定相关性,即微生物的初始浓度越大,DT 值越小,反之则越大。在正式检测前,需建立 $\lg N_0$ 与 DT 值之间的标准曲线。检测时,将样品按比例进行稀释,接种培养,根据被检测到微生物的 DT 值,直接得到微生物的初始浓度。据此实现微生物数目的快速检测。如图 4-1 所示,将 2 个电极浸入培养基中形成串联电路,通过信号放大器,即可得到培养基阻抗的微弱变化。

目前,免疫学原理已初步应用到阻抗检测法中。基于阻抗法对电极表面的阻抗变化高度敏感的优势,阻抗免疫传感器使用特定的固定化技术将目标微生物的抗体固定在电极表面,通过抗原抗体免疫反应捕获待测微生物,不同浓度的被测微生物阻抗响应值不同,据此实现致病菌的定性、定量分析。

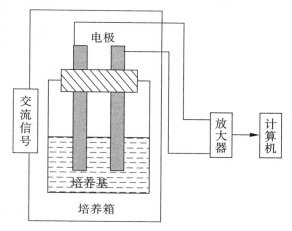

图 4-1　阻抗法检测原理

2. 电抗阻技术用于食品中菌落总数的检测

电阻抗法可用于检测各种不同产品的菌落总数,特别针对货架期较短的食品产品。早期的电阻抗法主要应用于乳品行业,最早将该方法用于原料奶乳菌落总数的检测。目前,电阻抗法已被推广到肉类、鱼类等食品中菌落总数的检测以及货架期的预测等方面。

有研究者对比了分别以电导、总阻抗和双层电容作为检测参数对准确度的影响。以双层电容值作为阻抗检测参数测得的菌落总数低于其实际数目的概率较大,而以电导、总阻抗作为检测参数时误差随机分布。所以在用阻抗法快速检测牛乳中菌落总数时应优先选用电导、总阻抗作为检测参数。

3. 电抗阻技术在食品中酵母菌的检测

目前,我国国标中酵母菌检测时间为 5 ~ 7 d,如此长时间的检测极大地阻碍了产品的流通,尤其对于货架期较短的食品产品。采用电阻抗法可最大限度缩短检测时间,从而确保食品的快速流通。

有研究者分别使用直接电容法、直接阻抗法和间接阻抗检测法定量测定食品中酵母菌数。两种直接检测法都需使用特殊培养基,直接电容检测法的最佳培养基为 CBAT 和 CBAS,直接阻抗检测法最佳培养基是 CBAT。在间接阻抗检测法中,酵母菌代谢所需能量可由食品样品本身提供,因此,检测时不需额外提供任何培养基,从而极大地简化了检测过程。

也有研究者使用电阻抗法检测饮用纯净水中的酵母菌,测定结果与标准平板计数法符合率达 90.4%,检测时间缩短至 44 h。检测时间与样品污染程度相关,样品污染程度越严重,检出时间越短。对于污染程度较为严重的样品,检出时间可缩短至 27 h。

4. 电抗阻技术在食品中大肠杆菌的检测

有研究者使用 BacTrac4100 全自动细菌示踪仪对生鲜牛奶中的大肠杆菌进行检测,该实验表明,阻抗法检测上限可高达 10^5 CFU/mL,在此浓度时,可以极大地缩短检测时间至 4 h。当食品样品中大肠杆菌的初始浓度降为 10^3 CFU/mL 时,检测时间则相应地增加至 7 ~ 8 h。也有研究者构建了一种新型的阻抗免疫生物传感器。使用掺锡的三氧化二铟(ITO)作为工作电极,将大肠杆菌 O157∶H7 单克隆抗体通过硅烷化技术固定在电极表面。最低检测限为 $4×10^3$ CFU/mL。同时还有研究者优化了检测条件,将检测灵敏度

提高至 1.6×10^3 CFU/mL,细胞浓度的对数值与培养基阻抗变化值呈良好的线性关系,相关系数为 0.98。

5. 电抗阻技术在食品中沙门氏菌的检测

早期的电阻抗法主要用来检测沙门氏菌,检测结果的准确性很大程度上取决于培养基的选择。Easter-Gib-son 早期研制了适用于阻抗法的 SC/T/D 培养基,该培养基相较于标准平板计数培养基,含有亚硒酸盐-胱氨酸、三甲胺氧化物和己六醇。由于某些沙门氏菌菌株在 SC/T/D 培养基中不能发酵己六醇而无法检测,因此,在后期试验中使用甘露醇代替己六醇,从而极大地提高了这类菌株的检出率,最高可达 95%。

Gibson 等联合美国公职分析化学协会(AOAC),使用 Malthus 电导法对人工接种不同沙门氏菌的 6 种食品样品进行检测,实验结果表明,与标准的 BAM/AOAC 培养法相比,两种方法所得实验结果无显著差异($P > 0.05$)。

6. 电抗阻技术在食品中金黄色葡萄球菌的检测

有研究者用基于阻抗原理的 EIS-ANNs 技术对金黄色葡萄球菌进行检测。该法的灵敏度较高,最低检出细胞浓度为 10^5 CFU/mL,相较酶联免疫检测法,样品不用进行烦琐的前处理,且检测时间缩短至 12 min。Paredes 等成功地将阻抗检测法应用到实时监测中。使用 CDC 响应体系。通过监测金黄色葡萄球菌生物膜形成过程中的阻抗变化,动态检测污染水平。Tan 等在用 PDMS 阻抗免疫生物传感器检测金黄色葡萄球菌中,选取多孔氧化铝膜固定抗体,检测灵敏度为 10^2 CFU/mL。

(二)微热量计技术

微热量计技术是根据通过测定微生物生长时热量的变化进行微生物的检出和鉴别。微生物在生长过程中产生热量,用微热量计测量产热量数据,存储于计算机中,经过适当信号上的数字模拟界面,在记录器上绘制成以产热量对比时间组成的热曲线图。将试验所得的热曲线图与已知热曲线图直观比较,即可对微生物进行鉴别。

1. 微生物的计数

根据实验大肠杆菌在磷酸盐葡萄糖培养液中,37 ℃水浴震荡保温 3.5 h,当细菌达 10^4 个/mL 时,记录笔偏转 5%,当达 10^5 个/mL 时,记录笔偏转 15%。其他细菌,如链球菌、变形杆菌、假单胞菌也可获得相似结果。这种热量细菌计数法已应用于临床医学检验的尿液培养计数。

2. 细菌代谢的研究

当培养基内某种生长必需的营养物被消耗后,细菌停止生长繁殖,热量产生亦下降,所以根据记录器上热输出的情况可了解细菌的代谢状况。因此,某种细菌需要某些营养物,以及不同的营养物对该细菌是否发生特殊的代谢变化,如诱导和变异等,均可从热量输出方面反映出一定信息。对于细菌制剂(毒素和酶等)的生产过程,具有监测作用。

3. 菌种的鉴定和变种的检出

根据上述代谢研究,一定菌种在一定的培养基中,生长呈一定的规律性,即热输出的记录曲线具有特异的谱形,称为热谱。例如,四种酵母株的热谱不同,如果热谱改变,说明出现变种。又如三种沙门氏菌也有不同的热谱。临床细菌检验工作中应用不同的热谱鉴别血培养中出现的菌种。

4. 抗生素的研究

利用微热量测试可以进行抗生素敏感试验、抗生素定量和作用机理的研究。例如，抗生素敏感试验可在半小时左右完成，而常规的平板法约需 16 h。同时微热量测试法在抗生素定量方面的灵敏度常比一般滴定法高 200 倍左右，因此如进一步提高灵敏度后，即可用于人体体液中抗生素浓度的测定。不同结构的抗生素具有不同的作用机理，从对细菌培养液热量输出的变化上，也可加以鉴别。例如，相同浓度的四种四环素类抗生素对大肠杆菌的生长迟缓期的影响，以二甲胺四环素（Minoeyeline）作用最强，而四环素最弱，在生长的对数期，四环素对热输出的影响是逐渐降低，而土霉素是较快降低，二甲胺四环素是降低 10 h 后热输出又急剧上升。

此外，微热量测试法还可应用于农业对土壤微生物的研究及造纸工业等方面。

（三）放射测量技术

放射测量技术是根据微生物在生长繁殖过程中代谢碳水化合物产生 CO_2 的原理，把微量的放射性 ^{14}C 标记引入碳水化合物或盐类等底物分子中进行检测的技术。在微生物生长时，这些底物被利用并释放出含放射性的 $^{14}CO_2$，然后利用自动化放射仪 Bactec 测量 $^{14}CO_2$ 的含量，可以根据 $^{14}CO_2$ 的多少来判断微生物的数量。该方法已用于测定食品中的细菌，具有快速、准确度高、自动化等优点。

1. Baetee 及其使用方法

放射测量仪 Baetee 系美国 Johnston 厂制造。现已投产的有 301、225 和 460 等三种型号。Bactec301 型为半自动化装置，一次只能测试一份标本；操作时，把培养瓶放在仪器上，阅读结果，然后记录仪表上显示的读数。Bacteo225 型为全自动装置，一次可测试 25 份标本。Baetee460 型为最新产品。结构和性能基本上与 225 型相同。一次可测试 60 个培养瓶，售价比 225 型低廉。这里，就目前使用较多的 225 型装置为例，作一说明，Baetee 仪的结构如图 4-2 所示。

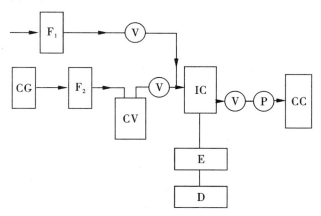

图 4-2　Baetee 仪方框结构示意图

CG:培养气体；F_1:除尘滤器；F_2:灭火滤器；CV:培养瓶；V:阀门；IC:电离室；P:泵；
CC:$^{14}CO_2$ 采集器；E:电子设备；D:显示器。

Bactec225 型装置于一转盘上,盛放有 25 只带橡皮塞的培养瓶,瓶内各放有一根电磁棒;备需氧培养时,进行搅拌之用。工作周期开始时,利用紫外线对瓶塞表面进行消毒。以真空泵将电离室内的压力减至1/2 至 1/3 个大气压;用加热灭菌的两支针头插入瓶塞;开动电阀,迫使无菌空气(或特殊培养气体如 CO_2、N_2 或 H_2)经一支针头进入培养瓶内。培养后,由另一支针头把累积于瓶中的 $^{14}CO_2$ 冲洗至电离室中。放射性气体产生的电流就在这里被放大和进行测量;把结果转换成用 0～100 数字表示的"生长指数(GI)";于显示器上显示出来,并打印在纸上。如读数超过预定阈值,一般为20 或 30;正面仪表上 25 个红色指示灯中的一个就会亮起来,同时还在纸带上记有标志。工作周期结束时,以清洁空气清洗电离室,把残留的放射性采集于仪器部内的 $^{14}CO_2$ 采集器中。然后,转盘即移至下一个待测的培养瓶,使在针头下面就位。该装置测量完 25 瓶培养物需 20 min。

RM 结果的阳性标准通常均以 GI 30～35 为起点;厌氧菌稍低,GI 30 即作阳性论;高渗培基以 GI 20 为阳性标准。如于培养终了期(7 天),将阳性标准稍予提高至 GI 40～50,当可使假阳性结果有所减少。本底一般不超 GI 4。

2. 食物和水中细菌的检查

采用 RM 检查罐头食品中细菌,可以把经典的常规培养法需要 1 天至数周的时间缩短为数小时以内,Previte 报告,当把鼠伤寒杆菌和金葡菌接种于含 0.0139 μCi^{14}C–葡糖/mL TSB 培基中,细菌浓度为 10～10^4 个/mL 时,检出时间为 10～30 h。当用这些细菌同肉毒杆菌和腐生梭状芽孢杆菌作模拟标本进行 RM 检查时,也得到类似的结果。实验表明,标本中的含菌量每增加 10 倍,检出时间即可缩短 1～2 h。厌氧菌的热休克芽孢要比同等数量的需氧性繁殖体的检出时间长 3～4 h,约相当于芽孢发芽过程所需要的时间。

RM 也曾被用作水中细菌的检测。试验表明,当标本中含 10^8、10^2 和 10 个菌时,RM 可分别于培养 2 h、3 h 和 6 h 检出。RM 已被认为是早期检出水中肠道细菌的重要工具,自动化后可作供水系统质量和河流、溪水纯净度的有效监测手段。

3. 分枝杆菌快速检查的研究

Camargo 等利用 RM 对分枝杆菌的检查进行了初步试验。他们用 5 mL 含 2 μCi^{14}C 醋酸盐或 ^{14}C 甘油的液体 Middle–brook7H9 培养基中,接种 10^6 个结核杆菌,结果于 18 h 内检出该菌释放出来的 $^{14}CO_2$。最近,RM 已被进一步用以诊检痰标本中的分枝杆菌。Truant 等于含^{14}C–底物(2 μCi/mL)的 MiddlebrookM7H12 培基中,加入抗生素(如二性霉素、多粘杆菌素 B 硫酸盐,羧苄青霉素和甲氧苄氨啶嘧等)抑制杂菌生长。用 N–乙酰–L–半肤氨酸作 1000 余份痰标本的预处理;然后,接种于标记培养基、Lowenstein–Jensen(LJ)培丛和 M7H10 培养基中,于 10% CO_2 条件下培养进行比较。同时用金胺–玫瑰红染色法作镜检。最早检出分枝杆菌生长的是 RM,10–12 日内检出,M7H10,12–13 日;L–J,16–17 日。采用选择性 RM 培养基能抑制多数的抗酸性杆菌(AFB)的生长,而大多数的 AFB 要比用常规培养基更早检出;因此,同时采用标记培养基和常用培养基作痰标本中 AFB 的初步分离,最为适宜。

五、免疫分析检测技术

免疫分析检测技术是基于抗原、抗体的特异性识别和结核反应的分析方法,通过对抗原或抗体进行标记(酶、荧光物质、放射性同位素标记等),利用标记物的信号放大作用,与现代测试技术相结合,对样品中特定的目标物进行定性定量测定。特点:①特异性强、灵敏度高;②方法便捷、分析容量大、检测成本低;③可提供系列化的产品以及技术,产品可以商业化。

(一)免疫荧光技术

免疫荧光技术是将不影响抗原抗体活性的荧光色素标记在抗体(或抗原)上,与其相应的抗原(或抗体)结合后,在荧光显微镜下呈现一种特异性荧光反应,可用来对沙门氏菌、李斯特菌、金黄色葡萄球菌、大肠杆菌和单核细胞增生李斯特菌等进行快速检测。该技术的主要特点是特异性强、敏感性高、速度快,但还存在不足,如非特异性染色问题尚未完全解决,结果判定的客观性不足,技术程序比较复杂。

荧光抗体技术于1957年开始用于沙门氏菌纯培养的观察,1962年开始对乳制品中沙门氏菌进行检验试验,以后逐步扩大到其他多种食品的检出试验。早期的工作多采用间接荧光抗体染色法,自1970年以后,则多使用直接法。1975年以前,一般是处于实验研究阶段,方法程序往往各有不同。1975年美国分析化学协会(AOAC)提出了一个用免疫荧光检出食品沙门氏菌的标准化筛选程序,推荐作为初步法定的分析方法应用。但该法需作预增菌、选择增菌、后增菌,程序仍较烦琐。主要问题是增菌液须直接固定于显微镜玻片上,其中必然包含有大量的杂菌、杂质和培养基本身的成分,严重影响免疫荧光的特异性和观察结果的鲜明性,致使某些样品的检出结果和常规培养分离法的符合率太低。血球吸附免疫荧光技术,有助于这个问题的解决。

1.试剂

(1)致敏血球的制备:将A-F群OH免疫血清用35%饱和硫酸铵提取三次,所得球蛋白按常规法致敏绵羊红细胞,其被动血凝效价为80万~320万A-F群沙门氏菌。

(2)荧光抗体试剂:用家兔免疫制备的A-F群OH多价血清,常法以异硫氰酸荧光(FITC)标记。工作效价1∶8。

(3)培养基:选择增菌培养基用亚硒酸盐煌绿培养基(SBG),分离平板用SS和HE,后增菌培养基用普通肉汤,鉴别培养基用三糖铁斜面。

(4)标本的采集和处理:共试验9种常见食品,采集和处理方法如表4-3。

表4-3　各类食品标本的采集和处理方法

样品名称	采集时状况	取样方法	标本处理方法
分割猪肉	冰冻或新鲜	切取表面薄层,呈片状肉块	每份取30克放入150 mL SBG增菌培养基中,于37 ℃下培养18~24 h后,取培养液作检查,同时取0.1 mL转种于2 mL肉汤作后增菌
鲜肉用鸡	当日宰杀待包装前	棉拭子体表和腹腔涂抹	当日将棉拭子直接放入10 mL SBG增菌培养基中,于37 ℃培养18~24 h,如上法、直接作FA染色,或经后增菌后染色

续表4-3

样品名称	采集时状况	取样方法	标本处理方法
填鸭	当日宰杀待包装前	棉球体表和肛门涂抹	同肉用鸡,增菌培养基用50 mL
冻家兔	当日宰杀待包装前,或库存抽样	棉球体表和腹腔涂抹	同填鸭
冰全蛋	市销一级品,冰冻保存	随意采取	同分割猪肉
奶粉	进口奶粉检样,存常温下	同上	每份取巧克加入150 mL SBG中,余同上
干蛋粉	出口检样,存常温下	同上	同冰全蛋
鱼粉	进口鱼粉检样,存常温下	同上	每份取样10克加入90 mL SBG中,余同上
甜炼乳	出口检验样品	同上	同鱼粉

2. 操作程序

常规操作程序见图4-3。

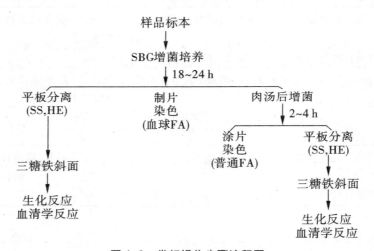

图4-3   常规操作步骤流程图

(1)直接荧光抗体(FA)染色法步骤如下:

1)涂片:用接种环取增菌培养液一环涂于洁净无脂的载玻片上,每张玻片涂8个标本(上排4个,下排4个,以玻璃笔划开),置44 ℃温箱中充分干燥。

2)固定:将干燥之涂片置克氏固定液(60%无水乙醇,30%三氯甲烷,10%福尔马林混合而成)固定3~5 min。

3)酒精浸泡:将固定后的标本片浸入95%酒精中浸泡1~2 min后取出,充分干燥。

4)荧光抗体染色:用接种环(Φ3 mm)蘸取工作浓度的荧光抗体液覆于涂膜上,然后置湿盒中于44 ℃下作用20 min。

5)用 pH=7.4,0.01 mol·L^{-1}的 PBS 液冲去玻片上的荧光抗体液,然后置蒸馏水中浸泡1 min。

6)移至95%酒精中浸泡1 min,取出干燥。

7)封片,镜检:用 pH=9.2 碳酸盐缓冲甘油封片,立即镜检,或置冰箱中保存,于24 h内镜检完毕。

(2)血球吸附荧光抗体染色法步骤如下:

1)致敏血球悬液制备:取冻干血球,加入灭菌生理盐水,使成3%(V/V)血球悬液,置冰箱,随用随取(应注意严防细菌污染)。

2)制片:以直径1.5 mm 接种环挑取血球悬液于载玻片上,每张玻片涂4~8个点,每点直径约6 mm,注意使血球悬液呈一薄层,晾干。

3)固定:于克氏固定液中固定40~60 s,晾干。固定后的玻片可密封置冰箱中保存。

4)加增菌液:以直径3 mm 接种环取上层增菌液,覆于血球膜上,其边界要求不超过血膜边界。然后置潮盒内于37 ℃下作用30 min。

5)冲洗:用 PBS 轻轻冲去菌液(注意防止各点之间串流),然后置 PBS 液中浸洗2 min,略加震荡,或直接用缓流自来水冲洗1 min。

6)荧光抗体染色:以接种环或毛细管加工作浓度的荧光抗体液于血球膜上,要求布满血膜。然后置湿盒内于44 ℃下作用20 min。

7)冲洗:同5)。

8)封片、镜检:同上直接荧光抗体染色法。

9)对照:

阳性对照:沙门氏菌 SBG 培养液。

阴性对照:有交叉反应的大肠杆菌和无交叉反应的大肠杆菌 SBG 培养液。

3.观察方法

工作分为两个阶段,第一阶段为比较观察,对同一份样品于增菌培养后同时作分离培养和两种荧光抗体方法对比检验,以期比较荧光抗体法和分离培养法的效果,普通荧光抗体法和血球吸附荧光抗体法的效果。第二阶段为典型筛选应用阶段,即将血球吸附荧光抗体法用于筛选增菌液,发现阳性或可疑阳性后再行分离培养,阴性标本即判为阴性结果而不再作分离。

4.荧光显微镜检方法

染色标本观察均用国产轻便荧光显微落射光装置进行,配套显微镜为 XSB-3 型斜筒显微镜和日本 OlymupsGB 型直筒显微镜。激发滤片为 FITC490 介质膜干涉滤片2片加颜色滤片 QB21(3 mm)1片,或 QB24(BG12,3 mm)1片。二向分色镜为5100A 分界型。荧光滤片(抑制滤片)为 JB8(OG4,2 mm)。光源为5伏10瓦球形反射溴钨灯。物镜95×或100×,目镜5×或6.3×。封裱剂和镜油均为9:1纯甘油(9份甘油,1份 pH=9.2 碳酸盐缓冲盐水)。

5. 阳性结果判断标准

普通荧光抗体染色法：

（1）特异荧光亮度"十十"以上，即菌体肥大，荧光清晰但不闪耀，菌中心暗淡；

（2）菌形态典型；

（3）菌数每视野能看到数个以上。

血球吸附荧光抗体染色法：

（1）菌荧光亮度"十十"以上；

（2）菌吸附在血球上；

（3）菌形态典型；

（4）在全血球膜上能看到十数个或数十个以上。

（二）酶联免疫吸附技术

酶联免疫吸附技术（ELISA）是将抗原或抗体吸附于同相载体，在载体上进行免疫酶染色。底物显色后，通过定性或定量分析有色产物量即可确定样品中待测物质含量。它结合了免疫荧光法和放射免疫测定法两种技术的优点，具有可定量、反应灵敏准确、标记物稳定、适用范围宽、结果判断客观、简便、检测速度快以及费用低等特点，可同时进行上千份样品的分析。

1. 原理

酶联免疫吸附测定的基本原理是把抗原或抗体在不损坏其免疫活性的条件下预先结合到某种固相载体表面；测定时，将受检样品（含待测抗体或抗原）和酶标抗原或抗体按一定程序与结合在固相载体上的抗原或抗体起反应形成抗原或抗体复合物；反应终止时，固相载体上酶标抗原或抗体被结合量（免疫复合物）即与标本中待检抗体或抗原的量成一定比例；经洗涤去除反应液中其他物质，加入酶反应底物后，底物即被固相载体上的酶催化变为有色产物，最后通过定性或定量分析有色产物量即可确定样品中待测物质含量。

2. 方法

ELISA 常用的测定方法主要有直接法和间接法两种：直接法是酶标记抗体与待检测样本中固相抗原直接作用，加入底物后，显色（其颜色深浅与样本中抗原量成正比）；间接法是使已知抗原吸附在固相载体上，与待检测样本中的抗体作用，再加入酶标记抗同种动物抗体的免疫球蛋白（抗抗体），使与特异抗原抗体复合物中的抗体作用，加入酶底物，显色（颜色深浅与样本中抗体量成正比）。ELISA 有许多改良方法，如双抗体法、双抗体夹心法、竞争法、酶-抗酶法和均质法、生物素-亲和素放大系统 ELISA 及斑点-ELISA 等，大致可分为三类：①测定抗体的间接法；②测定抗原的双抗体夹心法；③测定抗原的竞争法。前两种方法主要用于测定抗体和大分子抗原，适用于临床诊断上，而竞争法是测定小分子抗原的方法，因而尤其适用于食品分析。

竞争酶联免疫吸附分析法又可分为直接竞争法和间接竞争法。直接竞争法主要有三步：抗体吸附于固相载体，培育后清洗→加入含有抗原的待测液及酶标记的抗原，培育后清洗→加入酶底物培育后显色，判断结果。间接竞争法主要有四步：抗原吸附于固体载体，培育后清洗→加入含有抗原的待测液和抗体，培育后清洗→加入酶标记抗体，培育后清洗→加入酶底物培育后显色,判断结果。

3. 操作要点

影响 ELISA 测定结果的因素主要包括以下几点:

(1)抗原包被的质量:将抗原固定于聚苯乙烯微量反应板中称之为包被,其效果好坏是影响抗原-抗体反应的重要因素;

(2)非特异性反应干扰的排除:除了设置稀释液空白、阳性和阴性参比血清等对照外,可采用包埋、封闭等预处理,如在包被液中加入牛血清白蛋白、明胶或吐温-20 等,以减少非特异性反应的发生。高选择性的单克隆抗体代替多克隆抗体也是提高 ELISA 特异性的另一有效途径。此外,选择表面积较大的固相载体,也有利于提高 ELISA 的敏感性;

(3)酶和交联剂的选择:用于 ELISA 标记的酶主要有辣根过氧化氢酶(HRP)、碱性磷酸酯酶(AKP)、葡萄糖氧化酶(GO)和半乳糖苷酶等,而以 HRP 用得较多。酶和抗体交联可用免疫法(酶-抗酶抗体)或化学法,常用化学法。一般来说,HRP 与抗体的交联现多采用改良 Wilson's 法(高碘酸钠氧化法),AKP 与抗体交联通常有戊二醛法和偶氮法;

(4)酶底物:要求无色,反应后能稳定呈色。一般 HRP 常采用邻苯二胺(产物橘黄色,可稳定呈色数小时)或邻联甲苯胺作酶底物;AKP 常用对硝基苯磷酸盐作酶底物。

(三)酶联荧光免疫吸附技术

酶联荧光免疫分析技术将酶系统与荧光免疫分析结合起来,在普通酶免疫分析的基础上用理想的荧光底物,可提高分析的灵敏度和扩大测量范围,减少试剂的用量。酶放大技术、固相分离及荧光检测三者的联合将成为荧光免疫分析中最灵敏的方法。

(四)免疫磁珠分离技术

免疫磁珠分离技术(IMB)是将免疫学反应的高度特异性与磁珠特有的磁响应性相结合的一种新的免疫学技术;是一种特异性强、灵敏度高的免疫学检测方法和抗原纯化手段。是近年来国内外研究较多的一种新的免疫学技术。其原理是利用人工合成的内含铁成分,可被磁铁磁力所吸引,外有功能基团,可结合活性蛋白质(抗体)的磁珠,作为抗体的载体。当磁珠上的抗体与相应的微生物或特异性抗原物质结合后,则形成抗原-抗体-磁珠免疫复合物,这种复合物具有较高的磁响应性,在磁铁磁力的作用下定向移动,使复合物与其他物质分离,而达到分离、浓缩、纯化微生物或特异性抗原物质的目的。

1. 沙门氏菌的检测

1984 年 Mastting 卜首次公开发表了用磁性分离技术从食品、粪便中检测沙门氏菌,利用单抗结合到聚苯乙烯磁珠上,捕捉沙门氏菌,检测限达到 10^6 CFU/mL 检测所需时间缩短 1 天。随着抗体技术以及磁珠合成技术的发展,用 MS 检测食品中沙门氏菌已渐渐成熟,并且已得到越来越多的应用。

2. 大肠杆菌 O157H7 的检测

Varshney 等利用基于磁性纳米微粒抗体偶联的 MS 分离牛肉样品中的大肠杆菌 O157H7 增菌培养 6 h 检测限为 $8.0 \sim 8.0 \times 10^1$ CFU/mL。Lee 等采用 MS 从牛肉中分离了 6 株大肠杆菌 O157H7,赵文彬等应用 MS 检测家禽、家畜中大肠杆菌 O157H7 的感染情况,同时用传统分离法作对照结果表明应用 MS 检测该菌能提高检测的灵敏度,检测水平为 2 CFU/g。而传统法为 2002 CFU/g 并缩短检测时间 1。天袁辉等应用 MS 在江西省首次从样品中检出大肠杆菌 O157H7 在 1674 份样品中分离出 2 株大肠杆菌 O157H7。

(五)免疫胶体金技术

免疫胶体金技术是以微孔滤膜为载体包被已知抗原或抗体,加入待检标本后,经滤膜的毛细管作用或渗滤作用使标本中的抗原或抗体与膜上包被的抗体或抗原结合,再用胶体金结合物标记而达到检测目的。显色程度与抗原含量成正比,因而用于定性或半定量的快速免疫检测方法中,其特点是灵敏度和特异性都较高,且操作简便、快速、结果准确,不需任何仪器设备,易于判读,几分钟就可以用肉眼观察到颜色鲜明的实验结果,并可保存实验结果。目前已有专门用来检测食品及环境中沙门氏菌抗原的商品沙门氏菌检测卡。

1. 原理

胶体金免疫技术(GICA)是将金标记法与层析法相结合的一种免疫形式,原理为:将具有特异性的蛋白固定在层析带上,样品溶液通过毛细管层析作用在层析带上泳动,层析带上待测物的受体与样品中的待测物发生高特异性和高亲和性的反应,最终检测带上富集了相应复合物,通过酶促显色或直接目测着色标记物几分钟内即可观测到结果。

与酶联免疫相比,基于实验者肉眼可观测到的颜色结果,且不需要大型仪器及特殊试剂,操作简单,短时间即可得到结果并保留。胶体金颗粒在放射性物质的比较,金颗粒具有一定使用优势。该方法简单、快速。不同的抗原可能是共轭对不同大小的金颗粒,因此逐一确认。在一定条件下定位精确、定量分析是可能的,由于金颗粒清晰可辨因此与其他结构或内源性物质可避免混乱。

2. 制备

通过加入某些特定还原剂(如抗坏血酸、白磷、柠檬酸二钠等),使氯金酸(HAuCl$_4$)能够利用聚合反应聚合成一定大小的金颗粒,它们是带有负电的疏水性胶溶液,在静电力作用下其胶体状态不易破坏,该制备方法为化学还原法。在制备过程中,加入还原剂的种类和浓度直接影响胶体金颗粒的大小,相关研究表明,欲制得直径较小的金颗粒,试验应选择还原能力较强的还原剂。电子显微镜及光谱法能够准确地测定其含量,对其纯度能够较好地分析。

将金颗粒与高分子(如蛋白质)联合的过程称之为胶体金标记进程,用最优标识剂量稀释标记蛋白质溶液后,迟缓滴加到胶体金中。标记好的胶体金需要进一步分离纯化(如凝胶法和离心法)后才能使用,因为其中含有部分没有标记好的金颗粒、没有结合好的蛋白以及许多不同种类的高分子化合物。

3. 病原微生物检测

一些常见致病菌会滋生、残余在食物中,如沙门氏菌、布氏杆菌等有害微生物,有害微生物的残存会影响食品的质量和货架期。常用生化鉴定的方法进行菌种的检验和分离,目前色谱法也被广泛地应用到其中,但仍然存在不可克服的缺陷,如价格昂贵,应用性受到限制等问题。然而 GICA 技术在病原微生物的检测方面真正实现了高效快速的特点。

(六)免疫印迹技术

免疫印迹技术分三个步骤:第一,十二烷基硫酸钠-聚丙烯酰胺电脉(SDS-PAGE),将蛋白质抗原按分子大小和所带电荷的不同分成不同的区带;第二,电转移,目的是将凝胶中已分离的条带转移至硝酸纤维素膜上;第三,酶免疫定位,目的是将前两步中已分离,但肉眼不能见到的抗原带显示出来。将印有蛋白质抗原条带的硝酸纤维素膜依次与特异性抗体和酶标记的第二抗体反应后,再与能形成不溶性显色物的酶反应底物作用,最终使区带染色。该方法综合了 SDS、PAGE 的高分辨率及酶联免疫检测技术(ELISA)的高敏感性和高特异性,是一种有效的分析手段,在蛋白质化学中应用广泛,既可用于分析抗原组分及其免疫活性,也可用于疾病的诊断。

六、分子生物检测技术

(一)分子杂交技术

分子杂交技术是指利用核糖核酸(RNA)和脱氧核糖核酸(DNA)可以和特定微生物的核酸相结合,来诊断和鉴别微生物的一种技术。该技术可以解决抗体检测的特异性问题,但需要相对大的样本量,才能获得明确的结果,所以在食品微生物方面主要是利用琼脂平板上的细菌菌落进行杂交。

在食品微生物检验中核酸杂交主要包括膜上印迹杂交和核酸原位杂交两种。膜上印迹杂交是指将核酸从细胞中分离纯化后结合到一定的固相支持物上,在体外与存在于液相中标记的核酸探针进行杂交的过程。核酸原位杂交是指标记的探针与细胞或组织切片中的核酸进行杂交并对其进行检测的方法。

菌落原位杂交是食品微生物检验最常用的方法,其一般流程图见图4-4。

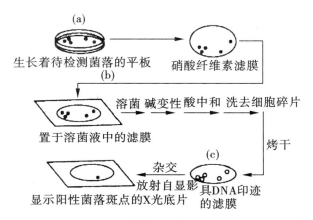

图4-4 菌落原位杂交流程图

1. 以 DNA 为靶目标的检验

中国开展的食品微生物检验项目主要包括细菌总数、大肠菌群、沙门氏菌、霉菌和酵母以及毒素等。所以,有关的检测有很多是针对细菌而来的。

DNA 是细菌的主要遗传物质,所以设计的探针一般是目标 DNA 的互补序列。在设计探针时要依照待检测微生物特异的 DNA 序列。比如在设计检测产气荚膜梭菌的探针时,克隆的是产气荚膜梭菌的产毒基因。致肠病的大肠杆菌则针对其致肠病的基因序列来设计。

这种检验在食品微生物检测中的应用研究十分活跃,例如食品中的大肠杆菌、沙门氏菌、志贺菌、小肠结肠炎耶尔森菌、产单核细胞李斯特菌、金黄色葡萄球菌的检测等。

2. 以 rRNA 为靶目标的检验

该种检验方法常使用 AccuProbe 基因作为探针,其原理是利用 Acridiniumester 作为荧光发光物质,标记特异性单链作为探针,与待测细菌中的核糖体 RNA(rRNA)互补,形成稳定的 DNA:RNA 杂交体。选择试剂再将未结合的多余探针破坏掉,最后通过发光仪检测标记的杂交体。

3. PCR 技术和核酸杂交技术的综合应用

将 PCR 技术和核酸杂交技术综合起来应用,可以增强检验的灵敏度。因为通过 PCR 可以将要检测的核酸扩增得很多,从而使核酸杂交的靶序列得到了增强。

4. DNA 芯片

DNA 芯片技术发明之后,被迅速地应用于多个领域。它的优点是快速方便,能够高通量地处理数据。DNA 芯片技术的原理也是核酸分子间的杂交,只不过是将多个杂交反应在一块芯片上同时进行。利用 DNA 芯片技术进行食品微生物的检验的大致过程是:先将待检测的微生物的基因提取出来进行 PCR 扩增,然后将扩增后的产物与预先固定在芯片上的探针进行杂交和分析。

(二) PCR 技术

聚合酶链反应(PCR),是一种体外酶促合成,扩增特定 DNA 片段的方法。该技术于 1985 年由美国的 Karray 等首创并由美国 Cetus 公司开发。PCR 技术已成为调查食源疾病暴发及鉴定相应病原菌的有用工具,可以提高检测灵敏度、缩短操作时间、提高检出率,有效检测食品中的致病微生物。随着人们对食品安全性要求的不断提高,PCR 技术以其特异性强、灵敏度高和快速准确等优点在食品检测领域得以广泛的应用。

1. 常规 PCR 检测

常规 PCR 检测原理是在 DNA 模板、引物、dNTP、适当缓冲液和 $MgCl_2$ 溶液的反应混合物中,在热稳定 DNA 聚合酶的催化下,对一对寡核苷酸引物所界定的 DNA 片段进行扩增。这种扩增是通过模板 DNA、引物之间的变性、退火(复性)、延伸等 3 步反应为一个周期,循环进行,使目标 DNA 片段得以扩增。由于每一周期产生的 DNA 片段均能成为下一次循环的模板,故 PCR 产物以指数形式增加。

在 1992 年 Rahn 等利用沙门氏菌的 invA 基因设计了一对引物,第一次用 PCR 的方法对沙门氏菌进行了检测试验。共检测了 630 株沙门氏菌,约 100 多种血清型和 21 个菌属的 142 株非沙门氏菌。结果显示,有两株 S. litchfield 和两株 S. senftenberg 没有检测出,检出率为 99.4%。

2. 多重 PCR

多重 PCR(multiplexPCR)原理与常规 PCR 相同,只是在同一反应体系中加入一对以上的特异性引物,如果存在与各引物对特异性互补的模板,则可同时在同一个反应管中扩增出一条以上的目的 DNA 片段。这种方法既保留了常规 PCR 的特异性、敏感性,又减少了操作步骤及试剂,实现了一次扩增的同时检测多种微生物的目的。利用这一方法可以同时检测多个目的基因或借助其交叉限制进行确认。但多重 PCR 技术也存在较明显的不足,如扩增效率不高,敏感性偏低;扩增条件需要摸索与协调;可能出现引物间干扰等。

　　Kawasaki 等利用多重 PCR 的方法检测了肉制品中沙门氏菌,单核增生李斯特菌和大肠杆菌 157∶H7。这一方法的检测灵敏度是 10^3 CFU/mL。当这一方法应用于猪肉样品的检测时,起始接菌量为 1 个/25 g 的人为污染样品可以在 30 h 内检测出,而在自然污染的肉制品检测时,沙门氏菌、单核增生李斯特菌和大肠杆菌 O157∶H7 可以在相同的时间内检测出。并且与传统的培养方法比较,也得到了几乎一致的结果。

　　3. 多重 RT-PCR

　　逆转录-聚合酶链反应(RT-PCR)的原理是提取组织或细胞中的总 RNA,以其中的 mRNA 作为模板,采用 Oligo(dT)或随机引物利用逆转录酶反转录成 cDNA。再以 cDNA 为模板进行 PCR 扩增,而获得目的基因或检测基因表达。RT-PCR 使 RNA 检测的灵敏性提高了几个数量级,使一些极为微量 RNA 样品分析成为可能。

　　4. 巢式 PCR

　　巢式 PCR(nestingPCR)是指先后用两套引物进行扩增的 PCR 技术,用内外两对引物先后扩增靶基因片段。通常是先用第一套引物扩增 15～30 个循环,再用已扩增的 DNA 片段内设定的第二套引物扩增 15～30 个循环。由于第二套引物设计片段位于第一套引物扩增的片段内,所以将第一套引物称为外引物,而把第二套引物叫作内引物。巢式 PCR 既可增加反应物的特异性,又可得到丰产的特异性靶序列,增加敏感性。巢式 PCR 技术对微生物的检测和单拷贝基因靶 DNA 的扩增都是非常有效。

　　由于常规巢式引物 PCR 技术在第一次扩增反应结束后要打开反应管,除去第一套引物,再加入第二套引物,所以操作比较复杂,而且易造成反应系统污染。因此,最近有人改进了巢式 PCR 反应的引物,使外引物的退火温度明显高于内引物,PCR 反应一开始就可以将两套引物一起加入反应系统中。当外引物在退火温度下做双温循环扩增时,内引物不能与模板结合形成稳定的双链而不起作用。当外引物扩增结束后,再进行低火温的 PCR 循环,在低退火温度下,内引物开始工作。经过几次循环后,将变性温度降低,这样可防止反应体系中在 PCR 最初几个循环形成的原始样品模板序列的产物解链,避免它们再成为外引物的模板。

　　5. 免疫-PCR

　　免疫-PCR 由 Sano 等首创,是指用 DNA 分子作为标记物,在做一般的免疫反应的同时进行 PCR 扩增和电泳分析的免疫试验。此法把 PCR 的扩增能力与抗原抗体反应的特异性结合在一起,从而极大地提高了检测抗原的灵敏度(与 ELISA 平行对照时,其敏感性可高达 10 万倍),而且因其所用的 DNA 分子是任意的,可以选定一个固定的分子,合成一对引物就可以了,从而避免了每换一种检测对象,就要设计一对引物的弊病。在免疫-PCR 中,多用生物素作为连接分子。生物素具有两个独立的结合位点,一个可与 DNA 分子结合,另一个能与抗原抗体复合物上的亲和素结合,由此将 DNA 分子和抗原-抗体复合物专一性地连接在一起,形成抗原-抗体-亲和素-生物素-DNA 复合物,然后加入 PCR 扩增系统,标记的 DNA 便可。

6. 实时荧光定量 PCR

实时荧光定量 PCR 是将荧光能量传递技术(FRET)应用于常规多聚酶链式反应仪中,通过受体发色团之间偶极-偶极相互作用,能量从供体发色团转移到受体发色团,受体荧光染料发射出的荧光讯号强度与 DNA 产量成正比,检测 PCR 过程的荧光讯号便可得知靶序列初始浓度,从而达到定量目的。

实时荧光定量 PCR 的化学原理包括探针类和非探针类两种,探针类是利用与靶序列特异杂交的探针来指示扩增产物的增加,特异性高;非探针类则是利用染料或者特殊设计的引物来指示扩增的增加,特异性受到质疑,但简便易行。

(1)非探针类:在 PCR 反应体系中,加入过量 SYBR 荧光染料,SYBR 荧光染料特异性地掺入 DNA 双链后,发射荧光信号,而不掺入链中的 SYBR 染料分子不会发射任何荧光信号,从而保证荧光信号的增加与 PCR 产物的增加完全同步。目前主要使用的是美国 MolecularProbes 公司的 SYBRGreen1 和 SYBRGold。但此方法未使用特异性探针,其特异性完全由引物决定。在有非特异双链 DNA 产生时,其荧光也同样增强,因此,与常规 PCR 的特异性差别不大。

(2)TaqMan 探针:TaqMan 荧光探针为一寡核苷酸,两端分别标记一个报告荧光基团和一个淬灭荧光基团。在 PCR 反应液中加入一对引物的同时加入此特异性的荧光探针,未扩增前此探针是完整的,此时报告基团发射的荧光信号被淬灭基团吸收。而当 PCR 扩增时,Taq 酶的 5′-3′外切酶活性将探针酶切降解,使报告荧光基团和淬灭荧光基团分离,从而荧光监测系统可接收到荧光信号,即每扩增一条 DNA 链,就有一个荧光分子形成,实现了荧光信号的累积与 PCR 产物形成完全同步。

(3)分子信标:在同一探针的两末端分别标记荧光分子和淬灭分子。与 TaqMsM 探针不同的是该探针 5′和 3′-末端自身可形成一个碱基,此时荧光分子和淬灭分子邻近,因此不会产生荧光。当溶液中有特异模板时该探针与模板杂交,从而破坏探针的发卡结构,于是溶液便产生荧光,荧光的强度与溶液中模板的量成正比,因此可用于 PCR 定量分析。该方法的特点是采用非荧光染料作为淬灭分子,因此荧光本底低。

7. 热起动 PCR

热起动 PCR 指的是使 TaqDNA 聚合酶只在样品温度超过至少 70 ℃时才发挥作用的 PCR。它是为提高反应的特异性设计的。众所周知,TaqDNA 聚合酶通常在比适宜温度低得多的条件下仍有较强的活性,会导致非靶序列的扩增,影响 PCR 反应的特异性。热起动可减少非靶序列的扩增,从而提高反应的特异性。

热起动的基本方法是在进行 PCR 反应之初,将 TaqDNA 聚合酶、氯化镁和引物这些 DNA 合成所必需的关键性试剂先不加入样品管内;而将样品管加热,待温度上升至 70 ℃以上时,再将上述试剂加入,开始 PCR 反应。还有人使用一种高熔点的蜡,先将 TaqDNA 聚合酶与 PCR 反应系统的其他成分分开,待反应系统的温度超过 80 ℃时,蜡熔解,TaqDNA 聚合酶即混入反应系统中,保证 PCR 在高温下开始。还有人研制出一种特异性抗体,它在不超过 70 ℃的条件下,可与 TaqDNA 聚合酶结合而阻断其活性。当反应体系达到第一次变性温度时,抗体因高温而破坏,TaqDNA 聚合酶随即恢复活性,由此开始 PCR 扩增。

8. 其他 PCR 检测方法

Cano 等采用了荧光检测 PCR 的方法检测了食品中的微生物。先用 Chelex100 抽提食品样品中的培养物,作为在微平板中 PCR 的模板。PCR 产物经过热变性后转移到带有共价结合寡聚核苷酸的 CovaLinkNH 平板上,在 55 ℃杂交 1 h,经洗涤后,添加有碱性磷酸酶标记的探针,严格洗涤后,加入底物检测荧光。检测的灵敏度可以达到 1 ~ 10 CFU。用 FD‑PCR 和培养方法一起检测了 172 份食品样品,FD‑PCR 发现方法的灵敏性为 100%,特异性为 90.1%,阳性率和阴性率分别为 82.8% 和 100%。

(三)基因芯片技术

生物芯片是 20 世纪 90 年代初发展起来的一种全新的微量分析技术,其突出特点是集成化、微型化、自动化和高通量。其中,基因芯片在微生物重要基因(毒力基因、抗药基因、致病因子)筛选监测和基于细菌基因组的流行病学研究中得到了广泛的应用。而液相芯片是美国 Luminex 公司研制出的新一代生物芯片技术,更提供了高通量的新一代分子诊断技术平台。

1. 基因芯片检测微生物的基本原理

基因芯片的主要原理是:将各种基因寡核苷酸点样于芯片表面,微生物样品 DNA 经 PCR 扩增后制备荧光标记探针,然后再与芯片上寡核苷酸点杂交,最后通过检测杂交信号的强度及分布确定检测样品中特定微生物的存在与丰度。该技术可检测各种环境或媒介中的微生物,研究复杂微生物群体的基因表达。

与传统的微生物检测方法相比,基因芯片技术先进性主要体现在高通量检测、简便快速、敏感性高等方面,而且结果通过自动化分析,避免了由于操作人员之间差异导致错误结果,是食品安全方面的重大技术突破。

2. 利用毒力编码基因检测食品中的致病菌

在适当的温度和湿度条件下,细菌能够通过水和食物迅速传播。沙门氏菌、李斯特氏菌、大肠杆菌 O157 等致病菌已成为危害食品安全的头号杀手。

(1)检测大肠杆菌 O157∶H7:大肠杆菌 O157∶H7 是一种典型的存在于食物中的致病菌,能够在小肠中产生大量的强有力的毒素,并能导致出血性肠炎或者溶血性尿毒症的并发症导致死亡。

(2)检测致病性弧菌:霍乱弧菌、副溶血弧菌及创伤弧菌是引起人类肠道急性传染病的三大病原菌,也是国际检验检疫的重要菌株。它们通过受污染的生活用水、食品等感染人类而引起疾病,主要临床症状为剧烈腹泻、呕吐、脱水及酸中毒等,若抢救不及时就会有生命危险。目前上述菌株的经典检验方法仍为增菌培养,检验周期长(5 ~ 7 d),步骤烦琐且检验精度低。

(3)检测金黄色葡萄球菌:葡萄球菌肠毒素(SET)是一类对热稳定的肠毒素,由 17 个主要的血清型组成,是导致肠胃炎的主要病因。许多金黄色葡萄球菌含有葡萄球菌肠毒素。由于葡萄球菌肠毒素种类繁多,实验室的血清分型和 PCR 分型非常耗时。另外,由于肠毒素抗原性的相似性,血清分型并不总是可行。Sergeev 等利用基因芯片同时检测和鉴定了多个肠毒素基因,在同一个金黄色葡萄球菌菌株中最多检测到 9 个不同的肠毒素基因,并在一些菌株中发现了以前未检测到的肠毒素基因。该研究表明基因芯片的方法对检测含有多个毒力基因的菌株非常有效。

(4)检测单核增生李斯特菌:单核增生李斯特菌是革兰氏阳性的人畜共患的食品传染性病原菌,可引起人和动物的败血症、脑膜炎和流产等疾病。由于病死率极高,在国际上已引起广泛关注。李斯特氏菌属共有 8 个种,只有单核增生李斯特氏菌和绵羊李斯特氏菌有致病性。目前已知单核增生李斯特菌有 14 个血清型,但只有 3 个血清型主要导致人畜临床疾病。检测中通常用 PFGE (pulsed-field gel electrophoresis)技术进行分型,然而 PFGE 只能提供有限的遗传信息,不能鉴别特定基因的存在或缺失。

(5)检测蜡状芽孢杆菌:蜡状芽孢杆菌是引起人急性食物中毒的重要致病菌,常产生溶血素。Gabig-Ciminska 等根据编码溶血素 BL 的 Hbl 操纵子中的两个基因 hblC 和 hblA 建立了检测蜡状芽孢杆菌的基因芯片检测方法,4 h 内可从 20amol 细菌细胞或芽孢的 DNA 检出信号。

(6)检测产气荚膜梭菌:产气荚膜梭菌是一种最常见的引起食物中毒的细菌,产生 5 种毒素,它们是主要的致病因子。所有产生 5 种致死毒素的梭菌都产生高活力的 α-毒素,它在产气荚膜梭菌引起的肌坏死中起主要作用。除了产生 α-毒素外,产气荚膜梭菌的 B 型菌株也产生致死的 β-和 ε-毒素,D 型菌株产生致死的 ε-毒素,E 型菌株特异性产生 iota-毒素及 α-毒素。实验室确诊仍是采用传统的方法,即从每克含 10^5 个细菌可能流行的食品中培养细菌。用于内毒素诊断的测定包括细胞中和反应、Western 免疫杂交和 ELISA 等。

以致病菌的毒力因子作为检测目的靶点,一般通过多重 PCR 扩增,然后结合基因芯片杂交筛选来检测致病菌。这些方法灵敏度高、特异性和重复性均比较好。然而在技术上仍然受到多重 PCR 的制约,因此在同时检测致病菌的数量上仍有困难。

七、其他新技术

(一) ATP 生物荧光技术

ATP 生物荧光法作为一种简便、快速的微生物检验方法和食品生产环境清洁度的检测方法,近年来在国外倍受注目,并得以广泛应用。ATP 为代谢提供能量来源,是微生物不可缺少的物质。如果样品中污染了微生物,用有机溶剂等专用试剂破菌后,ATP 就被释放出,利用 ATP 生物荧光法即可测出 ATP 的含量。

1. ATP 生物荧光法的特点

ATP 生物荧光法的优点在于重现性好,快速简便。ATP 生物荧光法存在的首要问题是灵敏度有时达不到卫生学要求。从灵敏度角度讲,ATP 生物荧光法要求样品中细菌浓度最低不少于 1000 个/mL,但这种灵敏度有时达不到卫生学要求。另外,在食品细菌学检验时,还可能存在非细菌性 ATP 和其他成分干扰的问题,主要是食品中所含动物和植物的体细胞游离出的 ATP 可使测定值偏高。食物中含有的盐分等成分对 ATP 测定也有干扰。ATP 生物荧光法的特点归纳见表 4-4。

表4-4　ATP生物荧光法的优缺点

优点	缺点
1. 可作即时性测定	1. 有时灵敏度达不到要求
2. 测定范围广	2. 受游离ATP和体细胞干扰
3. 可自动化操作	3. 受盐等成分干扰
4. 操作简便、快速	4. 不能作细菌鉴定
5. 可作活性测定	

2. 利用ATP生物荧光法测定细菌总数

根据检测微生物的ATP来计算出微生物的数量。可是所测定的样品多少含有微生物以外的ATP，我们叫作游离ATP。因此就应测定一个样品的游离ATP含量及总ATP含量，则微生物ATP＝总ATP－游离ATP。

微生物ATP比游离ATP含量越多，则测定的微生物含量数值越精确，相反则检测精度降低。一般样品存在的游离ATP含量相当于含有细菌10个/mL，因此使用这种方法不能测定含有细菌低于10个/mL的食品样品。ATP生物荧光法测定微生物含量的精度，既不取决于仪器的精度，也不取决于试剂的性能，而是取决于游离ATP的含量。

目前，作为降低游离ATP含量的前处理方法，有用膜滤器过滤样品，洗去游离ATP的方法，可是这一方法不能把游离ATP全部滤去；还有一个方法是用酶解ATP的方法，目前此种酶的活力不够，也不能充分去除游离ATP。

3. 利用ATP生物荧光法检测大肠菌群

大肠杆菌是指标菌之一，在冷冻食品、冷饮中不能被检出。此菌的检查，在培养基中添加抑制革兰氏阳性菌的添加剂，只让革兰氏阴性菌增殖，从而检测此菌的含量。

以前最快需18 h可以检出大肠杆菌，现在最快5.5 h即可检出。作为"荧光素CT"，商业化的系统，以β-半乳糖苷酶作为指标，鱼肉、生火腿、烤肉、牛奶、冰淇淋等大多食品可以用这种方法进行检测，从而缩短产品的出厂检验时间。它多用于乳制品和西式糕点产品的检测。

4. 利用ATP生物荧光法检测金黄色葡萄球菌

金黄色葡萄球菌曾在脱脂乳粉产品上产生过大规模的食物中毒事故。其污染源多是操作人员的手指，因这种菌常存在于人的鼻腔和手上。这种菌引起的中毒特征是毒素性的，一旦菌体增殖产生毒素的话，即使加热使菌体死亡，其毒素仍可能产生食物中毒。

以前的检查法是用含有食盐和蛋黄的琼脂培养基，经2天的培养，选择显示特别形状的菌落，然后用凝乳酶实验进行判断，这需要3天的时间。

荧光素BH被商品化，日本开发的方法是用酶免疫检测法测定金黄色葡萄球菌产生的"蛋白质A"这一物质，然后测出含菌量，此时作为测定免疫反应的组合部分，仍采用荧光素酶产生的荧光进行测定，用这种测定方法可使检测时间缩短到7 h，目前已可以用于食品生产、鼻腔及手指的检测。

ATP生物荧光法具有简便、快速、价廉等优点，随着对此种方法不断改进和完善，ATP

生物荧光法可望发展成为一种较为理想的微生物检测方法而得到更广泛的应用。

(二)环介导等温扩增技术(LAMP)法

LAMP法的特点是针对靶基因的6个区域设计4种特异引物,利用一种链置换DNA聚合酶在恒温条件下保温几十分钟,即可完成核酸扩增,根据反应物磷酸镁沉淀的浊度进行判断是否发生反应。在食品微生物检测及其他领域的实际应用中表现出灵敏度高、速度快、特异性强、简便等特点。

1. LAMP 的技术原理

LAMP方法的特点是针对靶基因的6个区域设计4种特异引物,利用一种链置换DNA聚合酶在恒温条件(60~65 ℃)保温几十分钟,即可完成核酸扩增反应,直接靠扩增副产物焦磷酸镁沉淀的浊度进行判断是否发生反应。具体扩增机制见图4-5。短时间扩增效率可达到109~1010个拷贝。不需要模板的热变性、长时间温度循环、烦琐的电泳、紫外观察等过程。

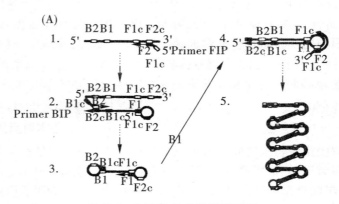

图4-5　LAMP法的扩增机制图

2. LAMP 法用于食品中大肠杆菌的检测

肠出血性大肠杆菌(EHEC)是指能够引起人类出血性肠炎的一类大肠杆菌,主要经口传播。该菌引起的食物中毒首先在美国于1982年爆发,之后在世界各地相继发现病例。即使在卫生条件较好的国家,大多数肠道传染病已基本得到控制,但EHEC感染问题仍日益严重。在美国、加拿大、英国和日本等发达国家,都发生过 E. ColiO157 的暴发流行。EHEC类型多,血清型复杂,常规检测方法难以有效实现快速、灵敏地进行全面检测。2003年Maruyama等人用原位LAMP方法检测 E. ColiO157：H7O27(有一个 stx1 基因和两个 stx2 基因)的 stx2 基因,并用 FITC 标记抗 E. ColiO157：H7 抗体,在紫外下照射。试验结果显示,较原位 PCR 而言,温和的渗透性及低等温条件使得原位 LAMP 引起较少的细胞损伤,并且在DNA扩增中允许使用荧光抗体标记。此外,Ma-ruyama还发现 LAMP方法的背景颜色较浅。因此,LAMP方法是一种特异性强、敏感性高、省时、省力的 EHEC检测方法

3. LAMP 法用于食品中沙门氏菌的检测

沙门氏菌是引起食品中毒和伤寒的主要病原菌,主要通过污染食品和水源而传播。

沙门氏菌引起的食物中毒最常见。约占细菌性食物中毒的 42.6% ~ 60%。目前所使用的沙门氏菌分离培养、生化反应、血清学和传统 PCR 技术等检测方法操作烦琐、费时、灵敏度低、易污染，已不适于食品和水源的卫生监测和流行病学调查。2005 年，KayokoOhtsuka 等对疑被感染沙门氏菌的水样鸡蛋中进行抽样(110 个样品)检测并与分离培养及 PCR 做比较。结果显示，PCR 漏检了 10%，LAMP 及分离培养的检出率为 100%；LAMP 是比分离培养更快速、灵敏的检测技术。因此，LAMP 方法是快速、灵敏、特异的沙门氏菌检测方法，是鸡蛋车间管理的可靠监控手段。

(三) 生物传感器技术

生物传感器主要由生物识别元件和信号转换器两大部分组成，生物识别元件又称感受器，由具有分子识别能力的生物活性物质(如酶、微生物、动植物组织切片等)构成信号转换器(如热敏电阻、光纤等)是一个电化学、光学或热敏检测元件。当生物识别元件与待测物发生特异作用后，所得产物(光、热等)通过信号转换器转变成可以输出的电信号、光信号等，从而达到分析检测的目的。由于生物传感器具有经济、简便、专一性强等特点，在现代检测中前景广阔。例如：Ogert 等采用光纤传感器测定了食品中的肉毒杆菌毒素 A，检测下限可达 5 $\mu g/L$，1 min 内可完成测定。另外，免疫传感器也应用在食品污染的检测中，如食品中金黄色葡萄球菌和鼠伤寒沙门氏菌的检测。

(四) 噬菌体鉴定技术

噬菌体是一种寄生于细菌的病毒，能在活的具有感受性的菌体内繁殖并将细菌裂解。由于细菌基本上都有自己的噬菌体，而且具有专一的寄生性，以及生长速度快等特点，常被用来鉴定一些特定的致病菌，其中以细菌和金黄色葡萄球菌最具成效。

(五) 流式细胞术

流式细胞术(FCM)是一种对液流中的细胞、其他生物微粒(微生物、染色体)或人工合成的微粒进行多参数定量分析和分选的技术。它能够快速分析单个细胞的多种特性，既可以定性又可定量，适于大量样品的检测。具有速度快、精度高和多参数分析等特点。近年来在临床实验室已经逐步用于病毒、细菌的检测、计数、鉴定等。FCM 目前已经发展到可测定 DNA 片段的大小，被认为是一种鉴定细菌很有发展潜力的技术。另外，FCM 结合免疫荧光抗体检测技术更能促进病原菌的特异性快速检测。

常规的食品中病毒的微生物专用酶快速反应检测技术、检测方法灵敏度太低，分析化学技术、载体技术、代谢学技术、免疫分析检测技术大大提高了检测的灵敏度和专一性；国内外在食源性病毒的检测方面，常规的食品中病毒的检测方法有电镜观察、细胞培养、核酸杂交、酶联免疫及聚合酶链反应，但是电镜观察、核酸杂交及酶联免疫检测方法的灵敏度相对都很低，还不能单独应用于检测；细胞培养法的操作烦琐，需时较长，一般需要一周才能观察到细胞病理反应，更重要的是许多肠道食源性病毒不能进行细胞培养，或可以培养但不出现细胞病理效应，这给检测工作带来了很大的困难和挑战。现在发展的分子生物学方法为食品中快速、灵敏的病毒检测带来了希望，而且由于大多食源性病毒是 RNA 病毒，所以反转录 PcR(RT—PcR)应用较多，但是病毒的洗提、浓缩和核酸提取流程复杂，存在假阳性和假阴性问题。

任务二　食品微生物快速检测技术

一、LAMP 法

LAMP 法的特点是针对靶基因的 6 个区域设计 4 种特异引物,利用一种链置换 DNA 聚合酶在恒温条件下保温几十分钟,即可完成核酸扩增,根据反应物磷酸镁沉淀的浊度进行判断是否发生反应。高宏伟等应用 LAMP 法检测肉制品中的单核细胞增生李斯特菌,结果与作为对照的 PCR 结果相当,获得了理想的灵敏度,且实验条件的要求较低。该法不需要模板的热变性、长时间温度循环、烦琐的电泳、紫外观察等过程。在食品微生物检测及其他领域的实际应用中表现出灵敏度高、速度快、特异性强、简便等特点。

二、噬菌体鉴定技术

噬菌体是一种寄生于细菌的病毒,能在活的具有感受性的菌体内繁殖并将细菌裂解。由于细菌基本上都有自己的噬菌体,而且具有专一的寄生性,以及生长速度快等特点,常被用来鉴定一些特定的致病菌,其中以鉴定肠杆菌科细菌和金黄色葡萄球菌最具成效。

三、生物传感器技术

生物传感器主要由生物识别元件和信号转换器两大部分组成,生物识别元件又称感受器,由具有分子识别能力的生物活性物质(如酶、微生物、动植物组织切片等)构成信号转换器(如热敏电阻、光纤等)是一个电化学、光学或热敏检测元件。当生物识别元件与待测物发生特异作用后,所得产物(光、热等)通过信号转换器转变成可以输出的电信号、光信号等,从而达到分析检测的目的。由于生物传感器具有经济、简便、专一性强等特点,在现代检测中前景广阔。例如:Ogert 等采用光纤传感器测定了食品中的肉毒杆菌毒素 A,检测下限可达 5 μg/L,1 min 内可完成测定。另外,免疫传感器也应用在食品污染的检测中,如食品中金黄色葡萄球菌和鼠伤寒沙门氏菌的检测。

四、流式细胞术

流式细胞术(FCM)是一种对液流中的细胞、其他生物微粒(微生物、染色体)或人工合成的微粒进行多参数定量分析和分选的技术。它能够快速分析单个细胞的多种特性,既可以定性又可定量,适用于大量样品的检测。具有速度快、精度高和多参数分析等特点。近年来在临床实验室已经逐步用于病毒、细菌的检测、计数、鉴定等。FCM 目前已经发展到可测定 DNA 片段的大小,被认为是一种鉴定细菌很有发展潜力的技术。另外,FCM 结合免疫荧光抗体检测技术更能促进病原菌的特异性快速检测。

常规的食品中病毒的微生物专用酶快速反应检测技术检测方法灵敏度太低,分析化学技术、载体技术、代谢学技术、免疫分析检测技术大大提高了检测的灵敏度和专一性;国内外在食源性病毒的检测方面,常规的食品中病毒的检测方法有电镜观察细胞培养、核酸杂交、酶联免疫及聚合酶链反应,但是电镜观察、核酸杂交及酶联免疫检测方法的灵敏度相对都很低,还不能单独应用于检测;细胞培养法的操作烦琐,需时较长,一般需要一周才能观察到细胞病理反应,更重要的是许多肠道食源性病毒不能进行细胞培养,或可以培养但不出现细胞病理效应,这给检测工作带来了很大的困难和挑战。现在发展的分子生物学方法为食品中快速、灵敏的病毒检测带来了希望,而且由于大多食源性病毒是 RNA 病毒,所以反转录 PCR(RT—PCR)应用较多,但是病毒的洗提、浓缩和核酸提取流程复杂,存在假阳性和假阴性问题。

　　近年来的一些科研单位研制了成套的生物发光检测装置进行微生物数量的快速测定,目前可以进行检测限高于 10^3 个细胞/mL 的检测,但不能有效地区分检测样品中的真菌和细菌的含量,因而大大地限制了此法的使用范围。这主要是由于细胞 ATP 释放剂释放和提取细胞 ATP 不彻底,而且细胞 ATP 释放剂对真菌和细菌没有区别及选择的缘故。食品中病原菌的快速检测,必须解决以下两个问题:一是怎样分离和富集食品样品中的待测病原菌;二是如何提高检测的速度和准确性,同时检测多目标微生物。这两个方面越来越成为食品微生物快速检测探索的重点。

　　今后微生物检测技术的发展方向是:提高检测效率,定量测定微生物细胞特征活性能,克服分子生物学方法的缺点,简化检测程序,使食源性病毒的检测方法向自动化、快速化、灵敏度高、特异性强、重复性好以及简便易行,试验条件标准化及检测的高精度和高灵敏度方向发展。随着经济社会的不断发展,必然会对食品中致病菌的检测提出越来越高的要求,同时随着各学科研究的不断进步,也会出现更加简单快速的病原微生物检测方法和检测体系,相信会有更多快速、简便、特异的检测技术得到应用,以满足人们对食品的更高需求,为人类公共卫生、营养健康与疾病预防事业做出巨大贡献。

模块五 食品微生物快速检测实训

实训一 菌落总数的测定（测试片法）

菌落总数主要是作为判定食品被细菌污染程度的标志,具有重要卫生学意义,被国外广泛应用于食品卫生工作中。菌落总数作为卫生检验指标菌的常检项目之一,国家标准检测方法检测程序比较烦琐,倾注平板时受温度影响较大,影响检测结果。因此,发展快速、简便、经济的检测方法势在必行,最主要的是缩短检测时间,提高检出率,方便生产在线检测和现场检测等。

菌落总数——样品经过处理,在一定条件下培养后,所得 1 mL(g)检样或单位面积样品中所含菌落的总数。

一、检测原理

PetrifilmTM 细菌总数测试片是一种预先制备好的培养基系统,含有标准的培养基,冷水可溶性的凝胶剂和氯化三苯四氮唑(OTC)指示剂,菌落在测试片上呈红色或粉红色,这样可增强菌落计数效果。

二、设备和材料

(1)恒温箱:(36±1)℃,(30±1)℃。

(2)冰箱:2~5 ℃。

(3)pH 计或精密 pH 试纸。

(4)放大镜或菌落计数器。

三、培养基和试剂

(1)1 mol/L 氢氧化钠(NaOH)称取 40 g NaOH 溶于 1000 mL 蒸馏水中。

(2)1 mol/L 盐酸(HCl)移取浓盐酸 90 mL,用蒸馏水稀释至 1000 mL。

(3)细菌总数测试片、压板和快速涂抹棒等。

四、检测程序

如图 5-1 所示。

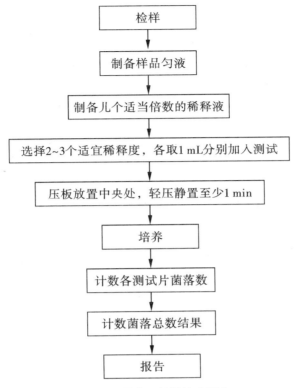

图 5-1　菌落总数的检验程序

1. 样品制备

以无菌操作取有代表性的样品盛于灭菌容器内。如有包装则用 75% 乙醇在包装开口处擦拭后取样。

（1）固体或半固体食品：以无菌操作取 25 g 样品，放入装有 225 mL 稀释剂的灭菌均质杯内，于 8000 r/min 均质 1 ~ 2 min，制成 1 : 10 样品匀液。如样品均质时间超过 2 min，应在均质杯外加冰水冷却。

（3）干燥或干粉食品：以无菌操作取 25 g 样品，放入装有 225 mL 稀释剂和适量玻璃珠的 500 mL 稀释瓶中。迅速振摇，将样品混匀，制成 1 : 10 的样品匀液。振摇时，幅度为 30 cm，7 s 内振摇 25 次，也可用机械振荡器振荡 15 s 代替手摇。

液体食品：用灭菌吸管吸取 25 mL 样品，放入装有 225 mL 稀释剂的 500 mL 稀释瓶中，按干燥或干粉食品方法迅速振摇，制成 1 : 10 的样品匀液。吸取样品时，吸管插入液面下不要超过 2.5 cm。吸管内液体要在 2 ~ 4 s 内完全排入稀释剂中。不要在稀释剂中吹洗吸管。

2. 稀释样品匀液

用 10 mL 灭菌吸管准确吸取 1 : 10 的样品匀液 10 mL，放入装有 90 mL 稀释剂的 200 mL 稀释瓶中，迅速振摇，制成 1 : 100 的样品液。从容器中吸取样品匀液和以后的稀释操作中，吸管尖不要碰着瓶口。吸入的液体应先高于所要求的刻度，然后提起吸管使其尖端离开液面并贴在容器内壁将液体调至所要求的刻度。

分别用 10 mL 灭菌吸管按上述方法将样品匀液制成 10 倍递增稀释的样品液,如 10^{-3}、10^{-4}、10^{-5}……。

3. 接种

选择 2~3 个适宜稀释度检验。将测试片置于平坦表面处,揭开上层膜,用吸管或微量洗液器吸取某一稀释度的 1 mL 样液,垂直滴加在测试片的中央处,将上层膜盖下,允许上层膜直接落下,但不要滚动上层膜,将压板(凹面底朝下)放置在上层膜中央处,轻轻压下,使样液均匀覆盖于圆形的培养面积上,拿起压板,静置至少 1 min 以使培养基凝固。每个稀释度接种两张测试片,每张 1 mL。

4. 培养

将测试片的透明面朝上水平置于培养箱内,可堆叠至 20 片,(36±1)℃ 条件下培养 (48±2)h(水产品 30 ℃±1 ℃培养 72 h±3 h)。

5. 菌落计数和记录

计数红色菌落。到培养时间后应立即计数,如果不能立即进行计数,可以将测试片放在-15 ℃条件以下,但不超过 7 d。

五、结果判定

培养后,立即计数每个测试片上的菌落数。25~250 个菌落为合适范围。

如只有一个稀释度的两个测试片上的菌落在合适范围内,先计算两个测试片的平均值,再将平均值乘以相应稀释倍数,作为每克(毫升)样品中测试片菌落数(表 5-1,样品 1)。

如有两个稀释度在合适范围内,先计算每个稀释度两个测试片的平均值,再计算两个稀释度的平均值,然后计算每克(毫升)样品中测试片菌落数(表 5-1,样品 2)。

当最低稀释度的两个测试片上都少于 25 个菌落时,计数这一稀释度两个测试片上的实际菌落数,计算两个测试片上的平均菌落数,将平均菌落数乘以稀释倍数,得到估计的测试片菌落数。给这个数注上星号(*),表明该数系从菌落数在 25~250 这一范围之外的测试片估计所得(表 5-1,样品 3)。

当所有测试片上的菌落都超过 250 时,则应将最高稀释度的两个测试片的平均菌落数乘以稀释倍数,得到估计的测试片菌落数。给这个数注上星号(*)表明该数系从菌落数在 25~250 这一范围之外的测试片估计所得(表 5-1,样品 4)。

如果所有稀释度的测试片都没有菌落,则以小于 1 乘以最低稀释倍数报告测试片菌落数。给这个数注上星号(*)表明该数系从菌落数在 25~250 这一范围之外的测试片估计所得(表 5-1,样品 5)。

同一稀释度的两个测试片中,一个有 25~250 个菌落,另一个的菌落多于 250 个,两个测试片都要计数。先计算两个测试片的平均值,再将平均值乘以相应稀释倍数,作为每克(毫升)样品中测试片菌落数(表 5-1,样品 6)。

两个连续稀释度中的每个稀释度都有一个测试片的菌落数在 25~250 个范围内,而另一个的菌落数高于 250 或低于 25,四个测试片都要计数,先计算每个稀释度两个测试片的平均值,再计算两个稀释度的平均值,然后计算每克(毫升)样品中测试片菌落数(表 5-1,样品 7)。

　　某稀释度的两个测试片都有 25～250 个菌落,而另一稀释度的两个测试片中只有一个测试片的菌落数在 25～250 范围内。四个测试片都要计数,先计算每个稀释度两个测试片的平均值,再计算两个稀释度的平均值,然后计算每克(毫升)样品中测试片菌落数(表5-1,样品8)。

　　记录时,只有在换算到每克(毫升)样品中测试片菌落数时,才能定下两位有效数字,第三位数字采用四舍五入的方法记录。也可将样品的测试片菌落数记录为 10 的指数形式(见表5-1,括号中的例子)。

表5-1　平板菌落数计算

样品号	菌落数			测试片菌落数/g(mL)
	1 : 100	1 : 1000	1 : 10000	
1	多不可计	175	16	190000(1.9×10^5)
	多不可计	208	17	
2	多不可计	224	25	250000(2.5×10^5)
	多不可计	245	30	
3	18	2	0	1600(1.6×10^3)*
	14	0	0	
4	多不可计	多不可计	523	5100000(5.1×10^6)*
	多不可计	多不可计	487	
5	0	0	0	<100(1.0×10^2)*
	0	0	0	
6	多不可计	245	23	260000(2.6×10^5)
	多不可计	278	20	
7	多不可计	225	21	270000(2.7×10^5)
	多不可计	255	40	
8	多不可计	210	18	230000(2.3×10^5)
	多不可计	240	28	

注:1 带星号(*)者为估计数

　　使用过的纸片上带有活菌,需及时按照生物安全废弃物处理原则进行处理。

实训二　大肠菌群的快速检测(MPN法及平板法)

　　大肠菌群系指一群能发酵乳糖、产酸或醛,并产生 β-半乳糖苷酶需氧或兼性厌氧的革兰阴性无芽孢杆菌。该菌主要来源于人畜粪便,故以此作为粪便污染指标来评价食品的卫生质量,推断食品中有否污染肠道致病菌的可能。如果大肠菌群存在于食品中,表明未做有效的消毒处理、加工后保存条件不良或消毒后又受到污染。快速检验这些细菌,有助于食品的卫生管理,维护消费者的食用安全。

大肠菌群——大肠菌群是革兰阴性、无芽孢、氧化酶阴性的杆状细菌,为需氧和兼性厌氧,可在有胆盐(或具有其他抑制生长的表面活性剂)存在的情况下生长,通常可在(36±2)℃发酵乳糖并产酸和醛,具有β-半乳糖苷酶。在本标准设定的条件下,大肠菌群为能分解β-半乳糖苷、使培养基发出荧光或生成紫色(或红色)菌落的一群革兰阴性无芽孢杆菌。

1. 检测原理

最可能数(MPN)法——大肠菌群可产生β-半乳糖苷酶,分解液体培养基中的酶底物--4-甲基伞形酮-β-D-半乳糖苷(以下简称MUGal),使4-甲基伞形酮游离。因而,在波长366 nm的紫外灯照射下呈现蓝色荧光。

平板法——大肠菌群可产生β-半乳糖苷酶,分解培养基中的酶底物——茜素β-D-半乳糖苷(以下简称Aliz-gal),使茜素游离并与固体培养基中的铝、钾、铁、铵离子结合形成紫色(或红色)的螯合物,使菌落呈现相应的颜色。

2. 设备和材料

(1)设备与仪器

1)培养箱:(37±1)℃。

2)冷藏箱:(0±4)℃。

3)天平:感量0.0l g。

4)平皿:直径90 mm。

5)试管:20 mm×150 mm。

6)吸管:1.0 mL和100 mL。

7)广口瓶、三角瓶、试管架、玻璃珠、均质器、乳钵、紫外灯(波长366 nm)。

(2)培养基和试剂

1)磷酸盐缓冲液按《GB4789.15—2016 食品安全国家标准 食品微生物学检验 霉菌和酵母计数测定》进行制备。

2)生理盐水将氯化钠(8.5 g)溶于蒸馏水(1000 mL),121 ℃蒸汽灭菌15 min。

3)MUGal肉汤

①胰蛋白胨或胰酪胨20.0 g。

②氯化钠5.0 g。

③无水磷酸钾2.75 g。

④无水磷酸二氢钾2.75 g。

⑤月桂基硫酸钠0.1 g。

⑥MUGaI(纯度不低于99%)0.08 g。

⑦蒸馏水1000 mL。

将各成分加热溶于蒸馏水中,以15%~20%氢氧化钠溶液调整pH,分装于20 mm×150 mm试管,每管9 mL,116 ℃蒸汽灭菌10 min,最终pH为7.0~7.2。待培养基冷却后,以无菌手续于每管培养液内加入0.1 mL经无菌水稀释的500 μg/mL头孢磺啶液或于1000 mL灭菌培养液内加1 mL经无菌水稀释的5 mg/mL头孢磺啶液,并以无菌操作分装试管。

4) Aliz-gal 琼脂

①胰蛋白胨或胰酪胨 20.0 g。

②氯化钠 5.0 g。

③无水磷酸氢二钾 2.75 g。

④无水磷酸二氢钾 2.75 g。

⑤月桂基硫酸钠 0.1 g。

⑥Aliz—gal (纯度不低于 97%)0.05 g。

⑦异丙基硫代半乳糖苷 0.03 g。

⑧硫酸铝钾 0.5 g。

⑨柠檬酸铁铵 0.5 g。

⑩琼脂 15.0 g。

⑫蒸馏水 1000 mL。

将各成分放入蒸馏水中,加热使之溶化,以 15% ~20% NaOH 调整 pH,分装烧瓶,116 ℃蒸汽灭菌 10 min,最终 pH 为 7.0 ~7.2。

3. 检测程序(图 5-2)

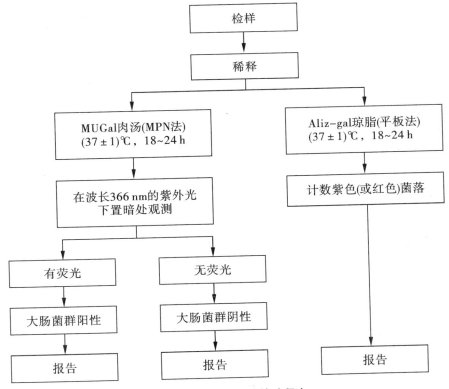

图 5-2　大肠菌群的检验程序

4. 样品制备

以无菌操作取 25 mL（或 25 g）样品，加于含 225 mL 无菌磷酸盐缓冲液（或生理盐水）的广口瓶（或三角瓶）内（瓶内预置适当数量的玻璃珠），充分振摇或用均质器以 8000～10000 r/min 均质 1 min 成 1∶10 稀释液。

用 1 mL 无菌吸管吸取 1∶10 样品稀释液 1.0 mL，注入含 9.0 mL 无菌磷酸盐缓冲液（或生理盐水）的试管内，振摇均匀，即成 1∶10 样品稀释液。

另取 1.0 mL 无菌吸管，按上法制备 10 倍递增样品稀释液。每递增一次，换一支 1.0 mL 无菌吸管。

根据食品卫生标准要求或对样品污染程度的估计，选择 3 个适宜的连续稀释度，每个稀释度接种 3 管培养基（MPN 法）或 2 个平皿（平板法）

5. 大肠菌群的 MPN 计数

将待检样品和样品稀释液接种 MUGal 肉汤管，每管 l.0 mL（接种量在 1.0 mL 以上者，接种双料 MUGal 肉汤管）。每个样品接种 3 个连续稀释度，每个稀释度接种 3 管培养基。同时另取 2 支 MUGal 肉汤管（或双料 MUGal 肉汤管）加入与样品稀释液等量的上述无菌磷酸盐缓冲液（或生理盐水）作空白对照。

将接种后的培养管置于（37±1）℃培养箱培养 18～24 h。

将培养管置于暗处，用波长 366 nm 的紫外光灯照射，如显蓝色荧光，为大肠菌群阳性管。如未显蓝色荧光，则为大肠菌群阴性管。

结果报告：根据大肠菌群阳性管数，查 MPN 表（同模块三表 3-1 大肠菌群 MPN 检索表），报告每 100 mL（g）食品中大肠菌群 MPN 值。

6. 大肠菌群的菌落计数

用灭菌吸管吸取待检样液 1.0 mL，加入无菌平皿内。每个样品接种 3 个连续稀释度，每个稀释度接种 2 个平皿。

于每个加样平皿内倾注 15 mL 45～50 ℃的 Aliz-gal 琼脂，迅速轻轻转动平皿，使之混合均匀。待琼脂凝固后，再倾注 3～5 mL Aliz-gal 琼脂覆盖表面；同时将 Aliz-gal 琼脂倾入加有 1 mL 上述无菌磷酸盐缓冲液（或生理盐水）的无菌平皿内作空白对照。

待琼脂凝固后，翻转平板，于（37±1）℃培养箱培养 18～24 h。取出平板，计数紫色（或红色）菌落。

7. 结果报告

当平板上的紫色（或红色）菌落数不高于 150 个，且其中至少有一个平板紫色（或红色）菌落不少于 15 h，按下式计算大肠菌群数：

$$N = \frac{\sum C}{(n_1 + n_2)d}$$

式中　N——样品的大肠菌群数，个/mL 或 g。

　　　$\sum C$——所有计数平板上，紫色（或红色）菌落数之总和。

　　　n_1——供计数的最低稀释倍数的平板数。

　　　n_2——供计数的高一稀释倍数的平板数。

　　　d——供计数的样品最低稀释度（如 10^{-1}、10^{-2}、10^{-3} 等）。

如接种所有(3 个)稀释样品的平板上,紫色(或红色)菌落数均少于 15 h,仍按上式计算,但应在所得结果旁加"＊"号,表示为估计值。

如接种未稀释样品和所有稀释样品的平板上,紫色(或红色)菌落数均少于 15 h,报告结果为:每毫升(克)样品少于 15 个大肠菌群。

如接种未稀释样品和所有稀释样品的平板上,均未发现紫色(或红色)菌落数时,报告结果为:每毫升(克)样品少于 1 个大肠菌群。

如平板上的紫色(或红色)菌落数高于 15 h,按上式计算,在结果旁加"＊"号表示估计值或视情况重新选择较高的稀释倍数进行测定。

实训三　沙门氏菌、肠出血性大肠埃希菌 O157 及单核细胞增生李斯特菌的快速筛选检验(酶联免疫法)

近年来,随着生物科学的快速发展,新技术新方法不断应用在食品微生物检验领域的微生物计数、早期诊断、鉴定等方面,从而缩短了检测时间,提高了微生物检出率微生物快速检测方法,涉及微生物学、分子化学、生物化学、生物物理学、免疫学和血清学等方面及它们的结合应用。例如:利用生化和微生物学原理制作的快速测试片法、利用核酸特异序列原理发明的核酸探针法和基因芯片法、利用抗原抗体结合的特异性发明的免疫磁球法、PCR 等。食品中微生物的快速检测技术正在迅猛发展,虽然很多技术仍然存在一定的问题,但作用明显。

沙门氏菌属肠道细菌科,包括那些食物中毒、导致肠胃炎、伤寒和副伤寒的细菌,能引起食物传播性疾病,近年来已经成为最常见的食物中毒原因。检测沙门氏菌的传统方法是将食物样品分步增菌以增加病原菌的检出率,这种培养方法总体可分为三个不同阶段:预增菌、选择性增菌及分离步骤。沙门氏菌菌型繁多,已确认的沙门氏菌有 2500 个以上的血清型。传统沙门氏菌检测法全过程需时至少 4 ~ 7 d 才能得出明确的诊断结果。

单核细胞增生李斯特菌(简称单增李斯特菌)是常见的食源性致病菌,WHO 将其列为 20 世纪 90 年代四大食源性病原菌之一。单核细胞增生李斯特菌不但存在于食品原料中,在食品的加工、运输和冷冻保存的食品中均可存在,可造成多种食品的污染,如乳及乳制品、肉制品、腌腊食品、水产品、新鲜蔬菜等。人类受感染后可导致胃肠炎、败血症、脑膜炎、流产等。

繁杂的各类生化反应类型使常规检验程序复杂烦琐,耗时费力,检验部门负担重。因此,快速而准确的检测方法显得尤为重要。

一、检测原理

样品做增菌处理,增菌液经加热处理后移入包被特异性抗体(一抗)的固相容器内,使目标菌与一抗结合,洗去未结合的其他部分。加入特异性酶标抗体(二抗),再次洗去未结合的其他成分。加入特定底物与之反应,生成荧光化合物或有色化合物,通过检测荧光强度或吸光度,与参照值比较,得出检验结果。

二、设备和材料

1. 设备与仪器

（1）酶联免疫分析仪（VIDAS 仪或类似产品）。

（2）冰箱：2～8 ℃。

（3）恒温培养箱：（30±1）℃、（36±1）℃、（42±1）℃。

（4）均质器。

（5）电子天平：量程 0～500 g，感量 0.1 g。

（6）漩涡混合器。

（7）恒温水浴锅。

（8）灭菌设备。

2. 培养基、试剂盒

（1）缓冲蛋白胨水（BP）按 GB/T4789.28—2013 规定配制。

（2）氯化镁孔雀绿增菌液（MM）按 GB/T4789.28—2013 规定配制。

（3）四硫磺酸钠煌绿增菌液（TTB）按 GB/T4789.28—2013 规定配制。

（4）亚硒酸盐胱氨酸增菌液（SC）按 GB/T4789.28—2013 规定配制。

（5）改良肠道菌新生霉素增菌液（mEC+n）：胰蛋白胨 20.0 g、3 号胆盐 1.12 g、乳糖 5.0 g、无水磷酸氢二钾 4.0 g、无水磷酸二氢钾 1.5 g、氯化钠 5.0 g、蒸馏水 1000 mL。将上述成分溶于水后校正 pH 至 6.9±1，分装后置 121 ℃高压灭菌 15 min，取出后冷却至室温，加入过滤的新生霉素溶液，使其终浓度为 20 mg/L。

（6）盐酸吖啶黄溶液：盐酸吖啶黄 25 mg、灭菌蒸馏水 10 mL，振摇混匀，充分溶解后过滤除菌，避光保存。

（7）萘啶酮酸钠盐溶液：萘啶酮酸 20 mg、0.05 mol/L 氢氧化钠溶液 10 mL，振摇混匀，充分溶解后过滤除菌。

（8）0.05 mol/L 氢氧化钠溶液：氢氧化钠 0.1 g，灭菌蒸馏水 50 mL，振摇混匀，充分溶解后过滤除菌。

（9）柠檬酸铁铵溶液：柠檬酸铁铵 0.5 g，灭菌蒸馏水 10 mL，振摇混匀，充分溶解后过滤除菌。

（10）Fraser 增菌液：酪蛋白酶消化物 5.0 g、动物组织酶消化物 5.0 g、牛肉浸膏 5.0 g、酵母浸膏 5.0 g、氯化钠 20.0 g、磷酸氢二钠 12.0 g、磷酸氢二钾 1.35 g、七叶苷磷酸氢二钠 1.0 g、氯化锂磷酸氢二钠 3.0 g、蒸馏水 1000 mL。将上述成分置于 50 ℃水浴中充分溶解，冷却后调 pH 至 7.0～7.4，分装，121 ℃高压灭菌 15 min。

（11）FlraserI 增菌液：在 1000 mL Flraser 增菌液中加入盐酸吖啶黄溶液 5 mL、萘啶酮酸钠盐溶液 5 mL、柠檬酸铁铵溶液 10 mL。

（12）FlraserⅡ增菌液：在 1000 mL Flraser 增菌液中加入盐酸吖啶黄溶液 10 mL、萘啶酮酸钠盐溶液 10 mL、无菌分装于 10 mL 大试管中。

（13）沙门氏菌酶联免疫试剂盒。

（14）肠出血性大肠埃希菌 O157 酶联免疫试剂盒。

（15）单核细胞增生李斯特菌酶联免疫试剂盒。

三、沙门氏菌的检验

（1）前增菌和增菌按 GB/T4789.4—2016《食品安全国家标准食品微生物学检验沙门氏菌检验》中的规定处理。

（2）增菌后处理移取 1 mL 增菌液到灭菌小试管中，于沸水中加热 15 min。剩余的增菌液于 4 ℃保存，以便用于阳性确认。

（3）取沙门氏菌的酶联免疫试剂盒，于 15～30 ℃的环境中放置 30 min。

（4）取适量加热处理后的增菌液到试剂盒测试孔中，通过自动或手动操作，经过酶联免疫反应过程后，检测反应强度（荧光强度或吸光度），与参照值比较，得出检验结果。（注：详细操作需根据所用仪器及试剂盒的说明进行）

四、肠出血性大肠埃希菌 O157 的检验

（1）增菌无菌操作取 25 g（mL）样品到均质袋中，并向其中加入 225 mL mEC+n，充分均质，于（4l±1）℃培养（24±1）h。

（2）增菌后处理同沙门氏菌检验的增菌后处理。

（3）取肠出血性大肠埃希菌 O157 的酶联免疫试剂盒，于 15～30 ℃的环境中放置 30 min。

（4）检验步骤：同沙门氏菌的检验。

五、单核细胞增生李斯特菌的检验

（1）前增菌无菌操作取 25 g（mL）样品到均质袋中，并向其中加入 225 mL FlraserI 增菌液，充分均质，于（30±1）℃培养（24±1）h。

（2）增菌吸取 1 mL FlraserI 增菌液到 9 mL FlraserⅡ增菌液中，于（30±1）℃培养（24±1）h。

（3）增菌后处理同沙门氏菌检验的增菌后处理。

（4）取单核细胞增生李斯特菌的酶联免疫试剂盒，于 15～30 ℃的环境中放置 30 min。

（5）检验步骤：同沙门氏菌的检验。

六、试剂盒控制

（1）选用新批号试剂盒时，应验证试剂盒的质量指标。使用时应严格按照试剂盒的要求设立试验对照。

（2）选用试剂盒检验不同目标期间，应不定期选用相应的可溯源标准菌株进行过程控制。

七、结果报告

检验结果为阴性时，报告为未检出。检验结果为阳性时应按 GB/T4789.6《食品安全

国家标准食品微生物学检验致泻大肠埃希氏菌检验》、GB/T4789.30《食品安全国家标准食品微生物学检验单核细胞增生李斯特氏菌检验》或其他标准进行确证。

实训四 金黄色葡萄球菌的快速计数法(直接计数法)

金黄色葡萄球菌属于葡萄球菌属,是引起食源性疾病的主要致病因子。金黄色葡萄球菌肠毒素是世界性卫生问题,大多数食品及食品原料,如肉、乳、蛋制品、糖果、糕点等,均要求对金黄色葡萄球菌进行检测,我国明确规定食品中金黄色葡萄球菌不得检出。

免疫学方法是金黄色葡萄球菌的传统检测法,因其时间冗长、操作烦琐易导致食品积压,且常出现假阳性或假阴性的结果。传统检验方法从取样至鉴定结果最快需要 4 d。灵敏、快速、简易的金黄色葡萄球菌检测方法有利于食品安全检测技术的发展。

一、检测原理

PetrifilmTM 金黄色葡萄球菌测试片是一种预先制备好的培养基系统,它含有具有显色功能的并经改良的 Baird-Parker 培养基,对金黄色葡萄球菌具有很强的选择性,并含有冷水可溶性的凝胶,测试片上的紫红色菌落为金黄色葡萄球菌,当测试片上出现除紫红色以外的其他任何颜色(如黑色或蓝绿色),则必须使用确认反应片。此确认反应片含有显色剂和脱氧核糖核酸。金黄色葡萄球菌产生的脱氧核糖核酸酶(DNase)会和反应片中的显色剂形成粉红色晕圈。

二、设备和材料

1. 设备与仪器

(1)恒温箱:(36 ± 1)℃,(30 ± 1)℃。

(2)均质器(旋刀式或拍击式)或等效的设备。

(3)冰箱:2~5 ℃。

(4)pH 计或精密 pH 试纸。

(5)放大镜或菌落计数器。

2. 培养基和试剂

(1)无菌生理盐水:称取 8.5 g 氯化钠溶于 1000 mL 蒸馏水中,121 ℃高压灭菌 15 min。

(2)1 mol/L 氢氧化钠(NaOH):称取 40 g NaOH 溶于 1000 mL 蒸馏水中。

(3)1 mol/L 盐酸(HCl):移取浓盐酸 90 mL,用蒸馏水稀释至 1000 mL。

(4)PetrifilmTM 金黄色葡萄球菌测试片。

(5)PetrifilmTM 金黄色葡萄球菌确认反应片。

3. 检验程序(图 5-3)

4. 样品制备

制备 1:10 样品匀液后,无菌操作调节样品匀液的 pH 为 6.0~8.0,对酸性样液用 1 mol/L 氢氧化钠调节,碱性样液用 1 mol/L 盐酸调节。

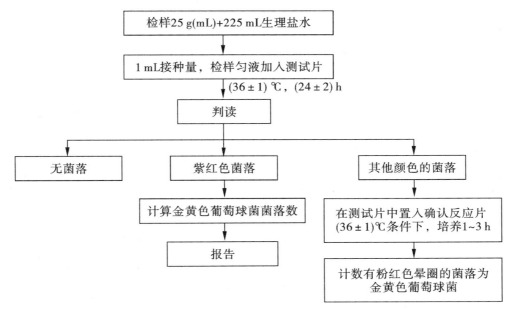

图 5-3　PetrifilmTM 测试片直接计数法检验程序

5. 接种

做 10 倍递增稀释,选择适宜的 2 ~ 3 个连续稀释度的样品匀液(液体样品可包括原液)接种 PetrifilmTM 测试片,每个稀释度接种 2 片,每片 1 mL。将测试片置于平坦表面处,揭开上层膜,用吸管吸取某一稀释度的 1 mL 样液垂直滴加到一张测试片的中央处,然后将上层膜缓慢盖下,避免气泡产生,切勿使上层膜直接落下,再把 PetrifilmTM 金黄色葡萄球菌的压板放置在上层膜中央处,轻轻地压下,使样液均匀覆盖于圆形的培养基上,拿起压板,静置至少 1 min 以使培养基凝固。

6. 培养

将测试片的透明面朝上,水平置于培养箱内,堆叠片数不超过 20 片,在(36±1)℃条件下,培养(24±2)h。

7. 确认反应

如果上述测试片上没有菌落生长或菌落全部是紫红色(典型的金黄色葡萄球菌特征),无须进行确认,如果测试片上出现黑色、蓝绿色菌落或紫红色菌落不明显,需使用 PetrifilmTM 确认反应片进一步确认。

将上层膜掀起,将确认反应片置于测试片的培养范围内,再将上层膜放下,覆盖在确认反应片上,用手指以滑动的方式轻轻将测试片与确认反应片压紧,包括确认反应片的边缘,此步骤可使测试片与 PetrifilmTM 确认反应片紧密接触并除去气泡,最后把插入确认反应片的测试片放在(36±1)℃条件下,培养 1 ~ 3 h。

8. 结果计算与报告

判断:紫红色的菌落直接计数为金黄色葡萄球菌。需要使用确认反应片作确认时,计数有粉红色晕圈的菌落。没有粉红色晕圈的菌落不是金黄色葡萄球菌,不应被计数。如果整个培养面积呈粉红色而没有明显的晕圈,说明金黄色葡萄球菌大量存在,结果记录为"多不可计"。

菌落计数:培养结束后立即计数,可目视或用菌落计数器来计数,放大镜可辅助计数。选取金黄色葡萄球菌菌落在 15~150 的测试片,计算菌落数,乘以相对应的稀释倍数报告之。如果所有稀释度测试片上的菌落数都小于 15,则计数稀释度最低的测试片上菌落数乘以稀释倍数报告之。如果所有稀释度的测试片上均无菌落生长,则以小于 1 乘以最低稀释倍数报告之。如果最高稀释度的菌落数大于 150 h,计数最高稀释度的测试片上的菌落数乘以稀释倍数报告之。报告单位以 CFU/g(mL)表示。

实训五 散装即食食品微生物的快速检测

即食食品,主要是指食物可在出售地点即时食用,该类食物或是未经烹煮或已经煮熟、烫热或冰冻的,无须再经加热处理(包括翻热)便可食用,即通常所指的"熟食"。散装即食食品因略去烦琐的包装,降低了食品的成本。种类繁多,风味多样,买卖随意方便,备受消费者青睐。故商场、超市以及农贸市场均有销售。

由于散装即食食品的制作、销售过程中,销售者与食品的接触以及食品与空气的接触,往往导致微生物性"二次污染"风险加大,增大了散装即食食品的不安全潜在危害因素。特别是凉拌菜、熟肉制品、非发酵豆制品等。

1. 采样地点

农贸市场、食品专卖店、大型超市以及餐饮单位等。

2. 样品

凉拌菜、鲜榨果汁、熟肉制品、盒饭类等 4 大类食品。按照无菌采样的要求采集,冷藏状态下送检。

3. 检测方法

食品中大肠菌群的快速检测。

4. 结果评价

根据我国现行有效的相关食品安全标准进行微生物指标的评价:

《食品安全国家标准 熟肉制品》(GB 2726—2016)。

《凉拌菜质量安全标准》(DB13/889—2007)。

《绿色食品 果蔬汁饮料》(NY/T 434—2016)。

5. 无菌操作注意事项

点燃酒精灯,营造局部无菌环境。取样和加样时尽量靠近酒精灯操作。操作工具如镊子、剪子、长柄勺、小刀等,在酒精灯上用火焰消毒后使用。用 75% 酒精棉球将手和样品开口处周围抹擦消毒。

将无菌袋或无菌器皿放在天平上,用无菌器皿拿取样品称量 25 g 或 25 mL,加入 225 mL 生理盐水将样品溶解,或将样品放入盛有 225 mL 生理盐水的均质管中将样品溶解(此为 10 倍样品稀释液),从中取 1 mL 加入到无菌试管中,加入 9 mL 生理盐水,混匀

（此为100倍样品稀释液），一般情况下，取原液和10倍及100倍样品稀释液进行检测。

6. 相关标准

（1）GB 4789.10—2010　食品安全国家标准食品微生物学检验金黄色葡萄球菌检验。

（2）GB/T 4789.32—2002　食品卫生微生物学检验大肠菌群的快速检测。

（3）GB/T 22429—2008　食品中沙门氏菌、肠出血性大肠埃希菌O157及单核细胞增生李斯特菌的快速筛选检验酶联免疫法。

（4）SN/T 1869—2007　食品中多种致病菌快速检测方法PCR法。

（5）SN/T 1895—2007　食品中金黄色葡萄球菌的快速计数法——PetrifilmTM 测试片法。

（6）SN/T 1897—2007　食品中菌落总数的测定——PetrifilmTM 测试片法。

（7）SN/T 2424—2010　进出口食品中副溶血性弧菌快速及鉴定检测方法实时荧光PCR方法。

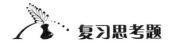 **复习思考题**

1. 食品微生物新技术的特点。

2. 食品微生物快速检测的意义。

3. 简述某一种微生物快速检测的程序。

参考文献

[1]姚勇芳.食品微生物检验技术[M].北京:科学出版社,2011.

[2]叶磊,杨学敏.微生物检验技术[M].北京:化学工业出版社,2009.

[3]岳春.食品发酵技术[M].北京:化学工业出版社,2008.

[4]雅梅.食品微生物检验技术[M].2版.北京:科学出版社,2015.

[5]安玉枝,王锡青,姜勇.食品微生物检验技术及未来发展趋势研究[J].食品工程,2013(03):74、142.

[6]刘莹娜.微生物与食品的关系[J].品牌与标准化,2009(10):57-58.

[7]刘静娜.微生物与食品的主要关系[J].现代农业科技,2012(01):338-340.

[8]食品微生物学检验总则.食品安全国家标准,GB4789.1-2016.

[9]食品微生物检验方法确认技术规范.中华人民共和国出入境检验检疫标准,SNT3266-2012.

[10]于志伟,袁静宇.食品营养分析与检测[M].北京:海洋出版社,2014.

[11]陈淑范.食品微生物检测技术[M].北京:中国环境出版社,2014.

[12]陈翠珍,房海.食源性感染病餐桌上的"定时生物炸弹"[M].北京:中国农业科学技术出版社,2015.

[13]邢永恒.食品药品分析检验教程[M].北京:化学工业出版社,2015.

[14]沈飚.海洋生物及制品微生物检测实用手册[M].杭州:浙江大学出版社,2014.

[15]吴定,高云.食品营养与卫生保健[M].北京:中国质检出版社,2013.

[16]俞士勇.2012—2015年盐都区腹泻病例霍乱弧菌、志贺氏菌检测分析[J].中国卫生产业,2017,14(10):50-51.

[17]KOTLOFFKL,WINICKOFFJP,IVANOFFB,etal.GlobalburdenofShigellainfections:implicationsforvaccinedevelopmentandimplementationofcontrolstrategies[J].Bull WorldHealth Organ,1999,77(8):651-656.

[18]GOLOVLIIOVI,SJOSTEDTA,MOKRIEVICHA,etal.AmethodforallelicreplacementinFrancisellatularensis[J].FEMSMicrobiolLett,2003,222(2):273-280.

[19]林晓丽,赖卫华,张莉莉.志贺氏菌检测方法的最新研究进展[J].食品科学,2009,30(15):271-275

[20]葛萃萃,钟青萍.抗志贺氏菌IgY的提纯及建立间接ELISA检测志贺氏菌[J].中国食品学报,2006,6(1):11-14.

[21]钟青萍,葛萃萃,张世伟,等.检测食品中志贺氏菌的双抗夹心ELISA方法的研究[J].食品科技分析检测,2007,32(10):199-202.

[22]秦巧玲,郭爱玲.志贺氏菌多克隆抗体制备及ELISA检测方法的建立[D].武汉:华中农业大学,2008.

[23]黄洋,赵晖.SPA方法快速检验食品志贺氏菌的研究[J].湖北化工,1999,16(3):44-46.

[24] 徐茂军.基因探针技术及其在食品卫生检测中的应用[J].食品与发酵工业,2000,27(2):66-70.

[25] 宫航宇,石铭,韩博.基因探针技术在传染病诊断中的应用[J].临床肝胆病杂志,2005,21(6):380-382.

[26] 何国庆,张伟.食品微生物检验技术[M].北京:中国质检出版社,2013.

[27] 质量技术监督行业职业技能鉴定指导中心组.食品检验肉蛋及其制品罐头水产品[M].北京:中国质检出版社,2013.

[28] 曲梅,张新,钱海坤,等.北京地区腹泻病患者致泻性大肠埃希菌感染类型及其流行特征[J].中华流行病学杂志,2014,35(10):1123-1126.

[29] 董洪燕,杨建国,马智龙,等.泰州市腹泻病人中致泻大肠埃希氏菌感染状况及病原学特征分析[J].现代预防医学,2016,43(2):333-337.

[30] 韦小瑜,游旅,田克诚,等.贵阳地区夏秋季腹泻病例中致泻性大肠杆菌监测分析[J].医学动物防治,2016,32(1):35-37.

[31] 于淼,王卓,冯立,等.沈阳地区2012-2014年致泻性大肠埃希菌耐药性监测分析[J].中国卫生检验杂志,2015,25(24):4301-4303.

[32] 杨劲松,李玉燕,廖慧,等.2010-2012年福建省致泻性大肠杆菌监测结果分析[J].预防医学论坛,2014,20(3):161-162.

[33] 王琼妹,周登仁,黄海,等.海口地区感染性腹泻细菌病原学监测结果分析[J].海南医学,2014,25(18):2776-2777.

[34] 李双姝,刘纯成,李兵兵,等.淮安市2013-2015年致泻大肠埃希氏菌的检测和流行特征分析[J].海南医学,2014,25(19):3137-3139.

[35] WHO. Future directions for research on enterotoxigenic Escherichiacolivaccines fordeveloping countries[J]. WklyEpidemiolRec,2006,81(11):97-104.

[36] SackDA, ShimkoJ, TorresO, etal. Randomised, double-blind, safety and efficacyofakilledoralvaccineforenterotoxigenicE. colidiarrhoeaoftravellerstoGuatemalaandMexico[J]. Vaccine,2007,25(22):4392-4400.

[37] 夏芃芃,孟宪臣,朱国强.人源产肠毒素大肠杆菌疫苗的研发进展[J].微生物学报,2016,56(2):198-208.

[38] 王蒋丽,王伟,曾皎箭,等.食品中致泻性大肠埃希氏菌污染状况调查分析[J].医学动物防治,2017,8:901-903.

[39] 郭爱珍.关注人畜共患病关爱人类健康[M].北京:中国农业出版社,2011.

[40] 陆文蔚,白晨.食品快速检测技术实训[M].北京:中国轻工业出版社,2014.